コグトレ計算ドリルの特長

この計算ドリルには，立命館大学教授 宮口幸治先生が考案された**コグトレ**というしくみがプラスされています。これにより計算力を含めた**5つの力**を，同時に高めることができます。

5つの力 UP!

ドリルで高める力

計算力 ＋ 記憶力 注意力 処理するスピード

―コグトレとは―

コグトレ とは，「コグニティブエンハンスメントトレーニング」の略称です。日本語にすると，「認知機能強化訓練」となります。この認知機能は，

記憶 注意 知覚 言語理解 推論判断 などを指し，

これらの機能を強化すると，記憶力，注意力，想像力，速く処理する力など学習に必要な基礎力がつきます。認知機能はまさに，算数，国語，理科といった教科学習の土台といえます。ところが，認知機能の強化トレーニングは学校ではしてくれません。

この部分は学校で教えてくれるけど

教科学習 国語 算数 理科 社会 英語

ここは教えてくれない

認知機能 記憶 注意 知覚 言語理解 推論判断

認知機能は学習の土台 なのに…

だから 楽しく

コグトレで，認知機能を強化しましょう！

コグトレの詳しい情報はコチラ

もくじ

小3 コグトレ 計算ドリル

本書に関する最新情報は，小社ホームページにある**本書の「サポート情報」**をご覧ください。（開設していない場合もございます。）
なお，この本の内容についての責任は小社にあり，内容に関するご質問は直接小社におよせください。

1 10のかけ算

➡ 答えは74ページ

1 計算をしましょう。

❶ 5×10　　❷ 10×2　　❸ 4×10

❹ 10×7　　❺ 10×8　　❻ 2×10

❼ 10×3　　❽ 10×4　　❾ 10×5

❿ 9×10　　⓫ 3×10　　⓬ 10×6

⓭ 7×10　　⓮ 8×10　　⓯ 10×9

⓰ 6×10

＋コグトレ プラス

▶ 計算した答えが同じになるものが，それぞれ一組ずつあります。下の（　）に，その問題番号を書きましょう。

（　）と（　）｜（　）と（　）｜（　）と（　）

（　）と（　）｜（　）と（　）｜（　）と（　）

（　）と（　）｜（　）と（　）

2 九九を使った計算 ①

➡ 答えは 74 ページ

1 □にあてはまる数を書きましょう。

❶ $5 \times \boxed{} = 35$

❷ $\boxed{} \times 3 = 18$

❸ $\boxed{} \times 7 = 49$

❹ $3 \times \boxed{} = 24$

❺ $8 \times \boxed{} = 40$

❻ $\boxed{} \times 5 = 20$

❼ $\boxed{} \times 7 = 14$

❽ $9 \times \boxed{} = 72$

❾ $4 \times \boxed{} = 8$

❿ $\boxed{} \times 9 = 9$

⓫ $\boxed{} \times 8 = 56$

⓬ $7 \times \boxed{} = 28$

⓭ $6 \times \boxed{} = 42$

⓮ $\boxed{} \times 5 = 45$

3 九九を使った計算 ②

→ 答えは 74 ページ

合かく 5こ　　合かく 4こ

計算 正答数 こ / 6こ　　＋コグトレ 正答数 こ / 6こ

1 □にあてはまる数を書きましょう。

❶ <u>5×2</u> は, 5×1 より □ だけ大きい。

❷ <u>9×3</u> は, 9×4 より □ だけ小さい。

❸ <u>2×4</u> は, 2×3 より □ だけ大きい。

❹ <u>7×7</u> は, 7×8 より □ だけ小さい。

❺ <u>6×5</u> は, 6×4 より □ だけ大きい。

❻ <u>8×5</u> は, 8×6 より □ だけ小さい。

プラス ＋コグトレ ‥‥‥‥‥‥‥‥‥‥‥‥‥‥‥‥‥‥‥‥‥‥‥‥‥‥‥

▶ 書いたあとに, 下線部の計算の答えが大きい順に, 問題の番号を書きましょう。

←　大きい　　　　　　　　　小さい　→

( )( )( )( )( )( )

4 分け方とわり算 ①

➡ 答えは 74 ページ

1 24 このあめがあります。

❶ 3人に同じ数ずつ分けるとき，1人分は何こになるか，わり算の式に書いてもとめましょう。
（式）

[　　　　　　　　]

❷ 1人に 4 こずつ分けるとき，何人に分けられるか，わり算の式に書いてもとめましょう。
（式）

[　　　　　　　　]

2 計算をしましょう。

❶ 21÷3　　　　　　❷ 9÷1

❸ 12÷2　　　　　　❹ 15÷3

❺ 10÷2　　　　　　❻ 5÷1

❼ 16÷2　　　　　　❽ 27÷3

5 分け方とわり算 ②

➡ 答えは 75 ページ

1 計算をしましょう。

❶ 15÷5 　　❷ 40÷5 　　❸ 20÷4

❹ 25÷5 　　❺ 42÷6 　　❻ 54÷6

❼ 10÷5 　　❽ 24÷4 　　❾ 32÷4

❿ 4÷4 　　⓫ 36÷6 　　⓬ 18÷6

⓭ 28÷4 　　⓮ 30÷5

＋コグトレ ··

▶ 答えは，下の暗号カードを使って，解答らんにひらがなを書きましょう。
（例：5 だと「お」）

解答らん

❶		❷		❸		❹	
❺		❻		❼		❽	
❾		❿		⓫		⓬	
⓭		⓮					

暗号カード

1：あ　2：い　3：う

4：え　5：お　6：か

7：き　8：く　9：け

10：こ

6 分け方とわり算 ③

合かく 12こ　合かく 12こ

計算 正答数　＋コグトレ 正答数

こ　　　　こ
―――　　―――
14こ　　　14こ

→ 答えは 75 ページ

1 計算をしましょう。

❶ 40÷8　　❷ 14÷7　　❸ 32÷8

❹ 42÷7　　❺ 36÷9　　❻ 45÷9

❼ 56÷7　　❽ 24÷8　　❾ 49÷7

❿ 64÷8　　⓫ 81÷9　　⓬ 8÷8

⓭ 63÷9　　⓮ 18÷9

＋コグトレ

▶ 答えは，下の暗号カードを使って，解答らんにひらがなを書きましょう。
（例：5 だと「お」）

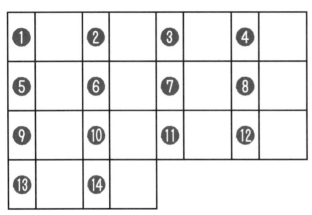

解答らん

❶		❷		❸		❹	
❺		❻		❼		❽	
❾		❿		⓫		⓬	
⓭		⓮					

暗号カード

1：あ　2：い　3：う

4：え　5：お　6：か

7：き　8：く　9：け

10：こ

0のかけ算, 0のわり算

→ 答えは 75 ページ

1 計算をしましょう。

❶ 3×0

❷ 0÷2

❸ 0÷1

❹ 0×7

❺ 8×0

❻ 0÷4

❼ 0÷9

❽ 5×0

❾ 0×1

❿ 0÷5

⓫ 0÷7

⓬ 2×0

⓭ 9×0

⓮ 0÷8

 合かく 12こ

 合かく 5こ

計算 正答数 ——14こ　＋コグトレ 正答数 ——6こ

➡ 答えは 75 ページ

1　計算をしましょう。

❶ 50÷5　　❷ 30÷3　　❸ 80÷4

❹ 60÷2　　❺ 36÷3　　❻ 55÷5

❼ 48÷4　　❽ 93÷3　　❾ 77÷7

❿ 24÷2　　⓫ 69÷3　　⓬ 84÷4

⓭ 42÷2　　⓮ 64÷2

プラス ＋コグトレ

▶ ❾～⓮の答えは，下の暗号カードを使って，ひらがな・カタカナの順で，組み合わせを解答らんに書きましょう。
（例：25 だと「あオ」）

解答らん

❾		❿	
⓫		⓬	
⓭		⓮	

暗号カード

	あ	い	う	え	お	か
ア	1	2	3	4	5	6
イ	7	8	9	10	11	12
ウ	13	14	15	16	17	18
エ	19	20	21	22	23	24
オ	25	26	27	28	29	30
カ	31	32	33	34	35	36

9 まとめテスト ①

1 計算をしましょう。

❶ 10×1

❷ 2×0

❸ 6×0

❹ 0×10

❺ 2×10

❻ 7×10

❼ 0×3

❽ 10×9

❾ 0×1

❿ 5×0

⓫ 8×10

⓬ 0×0

⓭ 7×0

⓮ 10×4

【　　月　　日】

合かく
12こ

計算
正答数

___こ

14こ

→ 答えは 76 ページ

10 まとめテスト ②

1 計算をしましょう。

❶ 2÷2

❷ 30÷5

❸ 27÷9

❹ 36÷4

❺ 0÷3

❻ 60÷3

❼ 45÷5

❽ 16÷8

❾ 15÷3

❿ 86÷2

⓫ 72÷9

⓬ 0÷6

⓭ 96÷3

⓮ 48÷4

【 月 日】

11 たし算の筆算 ①

合かく 10こ

計算 正答数

___ こ

12こ

→答えは 76 ページ

1 計算をしましょう。

① 134
　+182

② 156
　+173

③ 123
　+194

④ 346
　+272

⑤ 252
　+263

⑥ 485
　+144

⑦ 563
　+175

⑧ 374
　+282

⑨ 613
　+291

⑩ 453
　+924

⑪ 842
　+736

⑫ 637
　+522

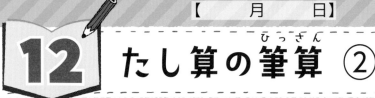

合かく 10こ ― 合かく 5こ

計算 正答数

こ ―――― 12こ

＋コグトレ 正答数

こ ―――― 6こ

12 たし算の筆算 ②

➡ 答えは 76 ページ

1 計算をしましょう。

①
```
  147
+ 155
```

②
```
  168
+ 249
```

③
```
  193
+ 338
```

④
```
  405
+ 396
```

⑤
```
  415
+ 398
```

⑥
```
  567
+ 276
```

⑦
```
  254
+ 968
```

⑧
```
  327
+ 884
```

⑨
```
  524
+ 696
```

⑩
```
  734
+ 579
```

⑪
```
  695
+ 659
```

⑫
```
  463
+ 737
```

＋ コグトレ ・・

▶ ⑦〜⑫の答えは，下の暗号カードを使って，ひらがなにおきかえて，解答らんに書きましょう。（例：2019 だと「うあいこ」）

【解答らん】

⑦		⑧	
⑨		⑩	
⑪		⑫	

【暗号カード】

0：あ　1：い　2：う

3：え　4：お　5：か

6：き　7：く　8：け

9：こ

13 たし算の筆算 ③

→ 答えは 77 ページ

1 計算をしましょう。

① 　1357
　+2418

② 　4263
　+1933

③ 　5475
　+2362

④ 　3496
　+5186

⑤ 　7752
　+1439

⑥ 　6384
　+2952

⑦ 　2847
　+6983

⑧ 　5318
　+3995

⑨ 　4246
　+2978

⑩ 　6328
　+2695

⑪ 　3859
　+4143

⑫ 　2758
　+ 242

➕ コグトレ

▶ ⑦〜⑫の答えは，下の暗号カードを使って，ひらがなにおきかえて，解答らんに書きましょう。（例：2019 だと「うあいこ」）

解答らん

⑦		⑧	
⑨		⑩	
⑪		⑫	

暗号カード

0：あ　1：い　2：う

3：え　4：お　5：か

6：き　7：く　8：け

9：こ

14 たし算の虫食い算

合かく 3こ 　合かく 1こ
計算 正答数 ＿こ／4こ　＋コグトレ 正答数 ＿こ／2こ

➡ 答えは 77 ページ

1 □にあてはまる数を書きましょう。

❶
```
    2 □ 3
 +  □ 1 □
    5 4 1
```

❷
```
    3 □ □
 +  □ 4 7
    6 9 3
```

❸
```
    □ □ 7
 +  5 1 □
    7 0 4
```

❹
```
    □ 9 □
 +  8 □ 6
  1 5 8 2
```

プラス コグトレ

▶ 答えは，下の暗号カードを使って，ひらがなにおきかえて，□に書きましょう。

❶
```
    1 □ 3 □
 +  □ 7 □ 4
    5 1 6 3
```

❷
```
    □ 5 □ 9
 +  4 □ 8 □
    7 0 5 1
```

暗号カード

0：あ　1：い　2：う　3：え　4：お　5：か　6：き　7：く　8：け　9：こ

15 ひき算の筆算 ①

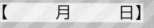

➡ 答えは 77 ページ

1 計算をしましょう。

① 　252
　　−139

② 　346
　　−128

③ 　473
　　−118

④ 　561
　　−328

⑤ 　287
　　−169

⑥ 　354
　　−125

⑦ 　236
　　−173

⑧ 　348
　　−156

⑨ 　454
　　−282

⑩ 　519
　　−245

⑪ 　627
　　−393

⑫ 　775
　　−482

ひき算の筆算 ②

合かく
10こ

合かく
5こ

計算
正答数
　こ
12こ

＋コグトレ
正答数
　こ
6こ

➡ 答えは 77 ページ

1 計算をしましょう。

①
```
   4 2 3
 - 1 6 7
```

②
```
   3 4 2
 - 1 5 8
```

③
```
   4 1 6
 - 2 7 9
```

④
```
   3 0 0
 - 1 7 3
```

⑤
```
   4 0 6
 - 2 6 8
```

⑥
```
   7 0 1
 - 3 3 5
```

⑦
```
   8 3 7
 - 2 6 8
```

⑧
```
   6 1 6
 - 3 4 7
```

⑨
```
   5 5 4
 - 2 7 6
```

⑩
```
   5 0 5
 - 2 4 7
```

⑪
```
   7 0 0
 - 5 2 4
```

⑫
```
   3 0 4
 - 1 3 8
```

プラス ＋コグトレ ・・

▶ ❼〜⓬の答えは，下の暗号カードを使って，ひらがなにおきかえて，解答らんに
書きましょう。(例：201 だと「うあい」)

解答らん

⑦		⑧	
⑨		⑩	
⑪		⑫	

暗号カード

0：あ　1：い　2：う

3：え　4：お　5：か

6：き　7：く　8：け

9：こ

ひき算の筆算 ③

➡ 答えは 78 ページ

1 計算をしましょう。

❶
```
  8462
 -2309
```

❷
```
  5284
 -1650
```

❸
```
  4307
 -2186
```

❹
```
  6248
 -5179
```

❺
```
  3262
 -1754
```

❻
```
  7206
 -4873
```

❼
```
  2063
 -1975
```

❽
```
  4360
 -2784
```

❾
```
  5247
 -1559
```

❿
```
  7106
 -6287
```

⓫
```
  3006
 -1439
```

⓬
```
  8000
 - 196
```

➕ プラス コグトレ

▶ ❼〜⓬の答えは，下の暗号カードを使って，ひらがなにおきかえて，解答らんに書きましょう。（例：2019 だと「うあいこ」）

解答らん

❼		❽	
❾		❿	
⓫		⓬	

暗号カード

0：あ 1：い 2：う

3：え 4：お 5：か

6：き 7：く 8：け

9：こ

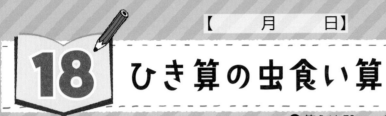

18 ひき算の虫食い算

➡ 答えは 78 ページ

1 □にあてはまる数を書きましょう。

❶
```
    5 □ 6
 -  □ 3 □
    2 0 9
```

❷
```
    6 □ □
 -  □ 2 9
    3 5 6
```

❸
```
    □ □ 5
 -  5 6 □
    1 3 8
```

❹
```
    □ 0 □
 -  1 □ 3
    7 7 7
```

....

▶ 答えは，下の暗号カードを使って，ひらがなにおきかえて，□に書きましょう。

❶
```
    6 □ 3 □
 -  □ 5 □ 1
    2 4 8 5
```

❷
```
    □ 5 □ 0
 -  4 □ 3 □
    3 9 0 6
```

 くり下がりに
気をつけよう。

暗号カード

0：あ　1：い　2：う　3：え　4：お　5：か　6：き　7：く　8：け　9：こ

【　月　　日】

合かく 10こ

計算 正答数

＿＿こ
12こ

19 まとめテスト ③

→答えは 78 ページ

1 計算をしましょう。

❶　　234
　　＋158

❷　　356
　　＋192

❸　　467
　　＋162

❹　　356
　　＋547

❺　　365
　　＋379

❻　　451
　　＋279

❼　　568
　　＋472

❽　　386
　　＋628

❾　　981
　　＋549

❿　7360
　＋1285

⓫　4752
　＋1854

⓬　3246
　＋5759

1 計算をしましょう。

①
```
  351
- 239
```

②
```
  282
- 164
```

③
```
  485
- 147
```

④
```
  540
- 274
```

⑤
```
  687
- 498
```

⑥
```
  945
- 847
```

⑦
```
  606
- 359
```

⑧
```
  800
- 451
```

⑨
```
  703
- 248
```

⑩
```
  1302
-  544
```

⑪
```
  8642
- 5793
```

⑫
```
  4004
- 3759
```

【　　月　　日】

21 かけ算のきまり ①

合かく
12こ

計算
正答数

こ

14こ

● 答えは 79 ページ

1 計算をしましょう。

❶ 2×3×3

❷ 2×1×3

❸ 3×2×4

❹ 3×3×2

❺ 4×2×3

❻ 2×3×4

❼ 2×5×3

❽ 3×2×3

❾ 2×1×2

❿ 2×2×3

⓫ 2×2×4

⓬ 4×1×3

⓭ 2×3×5

⓮ 2×2×5

22 かけ算のきまり ②

合かく 10こ
合かく 5こ
計算 正答数 ／12こ
＋コグトレ 正答数 ／6こ

➡答えは 79 ページ

1 計算をしましょう。

❶ 3×(3×2)

❷ 2×(4×2)

❸ 2×(1×2)

❹ 2×(5×2)

❺ 2×(4×5)

❻ 1×(2×4)

❼ 3×(1×4)

❽ 2×(3×1)

❾ 4×(2×3)

❿ 2×(1×5)

⓫ 3×(2×4)

⓬ 4×(2×5)

＋コグトレ

▶❼～⓬の答えは，下の暗号カードの🍎の数をスタートから数えて，答えのリンゴの場所の暗号を，解答らんに書きましょう。

解答らん

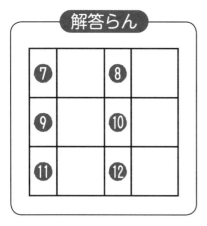

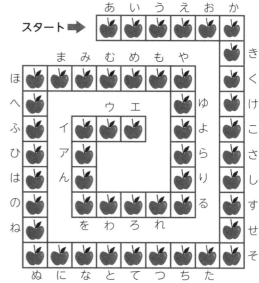

23 大きな数 ①

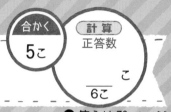

➡ 答えは 79 ページ

1 □にあてはまる数を数字で書きましょう。

❶ 千を 10 こ集めた数は, ［　　　　　］ です。

❷ 千を 100 こ集めた数は, ［　　　　　］ です。

❸ 一万を 3 こ, 千を 7 こ, 百を 5 こ合わせた数は, ［　　　　　］ です。

❹ 十万を 2 こ, 一万を 4 こ, 千を 2 こ合わせた数は, ［　　　　　］ です。

0 の数に
気をつけて!

❺ 65000 は, 千を ［　　　］ こ集めた数です。

❻ 400000 は, 一万を ［　　　］ こ集めた数です。

24 大きな数 ②

→答えは 79 ページ

1 次の数を 10倍しましょう。

❶ 20

❷ 57

❸ 63

❹ 100

❺ 400

❻ 280

プラス ＋コグトレ ・・

▶ 次の数を 100倍しましょう。答えは，下の暗号カードを使って，数字をひらがなにおきかえて，解答らんに書きましょう。(例：2019 だと「うあいこ」)

❶ 5

❷ 32

❸ 100

❹ 576

❺ 328

❻ 607

解答らん

❶		❷	
❸		❹	
❺		❻	

暗号カード

0：あ　1：い　2：う

3：え　4：お　5：か

6：き　7：く　8：け

9：こ

—26—

25 大きな数 ③

→答えは 80 ページ

1 次(つぎ)の数を 10 でわりましょう。

❶ 60 　　　　❷ 10 　　　　❸ 50

❹ 80 　　　　❺ 70 　　　　❻ 90

❼ 100 　　　❽ 260 　　　❾ 450

❿ 680 　　　⓫ 970 　　　⓬ 340

⓭ 550 　　　⓮ 730

プラス ＋コグトレ ・・

▶ 答えは，下の暗号(あんごう)カードを使(つか)って，数字をひらがなにおきかえて，解答(かいとう)らんに書きましょう。(例(れい)：20 だと「うあ」)

解答らん

❶		❷		❿	
❹		❺		❻	
❼		❽		❾	
❿		⓫		⓬	
⓭		⓮			

暗号カード

0：あ　1：い

2：う　3：え

4：お　5：か

6：き　7：く

8：け　9：こ

26 あまりのあるわり算 ①

➡ 答えは 80 ページ

1 計算をし，あまりも書きましょう。

❶ 9÷2

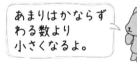

あまりはかならず
わる数より
小さくなるよ。

❷ 5÷3

❸ 17÷3　　　　　　❹ 26÷4

❺ 35÷4　　　　　　❻ 13÷2

❼ 29÷3　　　　　　❽ 31÷4

❾ 11÷2　　　　　　❿ 14÷3

⓫ 17÷4　　　　　　⓬ 19÷4

⓭ 29÷4　　　　　　⓮ 22÷3

 合かく 12こ

 合かく 5こ

計算 正答数 こ 14こ

＋コグトレ 正答数 こ 6こ

27 あまりのあるわり算 ②

➡ 答えは 80 ページ

1 計算をし，あまりも書きましょう。

❶ 17÷6　　❷ 11÷5　　❸ 35÷6

❹ 27÷7　　❺ 39÷5　　❻ 51÷6

❼ 45÷6　　❽ 50÷7　　❾ 58÷6

❿ 14÷5　　⓫ 44÷7　　⓬ 39÷7

⓭ 19÷6　　⓮ 41÷7

プラス ＋コグトレ

▶ ❾〜⓮の答えは，下の暗号カードを使って，数字をひらがなにおきかえて，解答らんに答えとあまりの順で書きましょう。（例：3 あまり 5 だと「えか」）

解答らん

❾		❿	
⓫		⓬	
⓭		⓮	

暗号カード

0：あ　1：い　2：う

3：え　4：お　5：か

6：き　7：く　8：け

9：こ

28 あまりのあるわり算 ③

➡ 答えは 80 ページ

1 計算をし，あまりも書きましょう。

❶ $13 \div 8$　　❷ $43 \div 9$　　❸ $22 \div 9$

❹ $58 \div 8$　　❺ $45 \div 8$　　❻ $37 \div 8$

❼ $77 \div 9$　　❽ $65 \div 8$　　❾ $30 \div 8$

❿ $61 \div 9$　　⓫ $74 \div 9$　　⓬ $55 \div 8$

⓭ $11 \div 9$　　⓮ $80 \div 9$

プラス ➕ コグトレ

▶ ❾〜⓮の答えは，下の暗号カードを使って，数字をひらがなにおきかえて，解答らんに答えとあまりの順で書きましょう。（例：3 あまり 5 だと「えか」）

解答らん

❾		❿	
⓫		⓬	
⓭		⓮	

暗号カード

0：あ　1：い　2：う

3：え　4：お　5：か

6：き　7：く　8：け

9：こ

29 たし算の暗算

合かく 12こ ― 合かく 5こ

計算 正答数 ___こ / 14こ

＋コグトレ 正答数 ___こ / 6こ

➡ 答えは81ページ

1 暗算でしましょう。

❶ 46+10

❷ 30+59

❸ 23+15

❹ 58+22

❺ 19+31

❻ 63+17

❼ 38+25

❽ 65+29

❾ 34+47

❿ 84+40

⓫ 96+53

⓬ 72+87

⓭ 45+55

⓮ 68+56

プラス ＋コグトレ

▶ ❾〜⓮の答えは，下の暗号カードを使って，数字をひらがなにおきかえて，解答らんに答えを書きましょう。（例：123だと「いうえ」）

解答らん

❾		❿	
⓫		⓬	
⓭		⓮	

暗号カード

0：あ　1：い　2：う

3：え　4：お　5：か

6：き　7：く　8：け

9：こ

30 ひき算の暗算

➡ 答えは 81 ページ

1 暗算でしましょう。

❶ 46−23　　　　　❷ 56−31

❸ 69−47　　　　　❹ 75−13

❺ 50−23　　　　　❻ 30−16

❼ 80−69　　　　　❽ 23−16

❾ 92−75　　　　　❿ 63−36

⓫ 44−17　　　　　⓬ 100−37

⓭ 100−78　　　　⓮ 100−54

プラス ＋コグトレ ・・

▶ ❾〜⓮の答えは，下の暗号カードを使って，数字をひらがなにおきかえて，解答らんに答えを書きましょう。(例：12 だと「いう」)

解答らん

❾		❿	
⓫		⓬	
⓭		⓮	

暗号カード

0：あ　1：い　2：う

3：え　4：お　5：か

6：き　7：く　8：け

9：こ

31 まとめ テスト ⑤

【 月 日 】

合かく 8こ

計算 正答数

／9こ こ

➡ 答えは 81 ページ

1 計算をしましょう。

❶ 2×4×6

❷ 3×2×5

❸ 4×(2×4)

❹ 7×(3×2)

2 □にあてはまる数を数字で書きましょう。

❶ 一万を 7 こ，千を 5 こ，十を 2 こ合わせた数は，

□ です。

❷ 73000 は，千を □ こ集めた数です。

❸ 千を 800 こ集めた数は，□ です。

3 次の数を書きましょう。

❶ 408 を 100 倍した数

［　　　　］

❷ 860 を 10 でわった数

［　　　　］

【　　月　　日】

合かく　12こ

計算
正答数

____こ

14こ

32　まとめテスト ⑥

→答えは81ページ

1 計算をし，あまりも書きましょう。

① 26÷3

② 33÷5

③ 38÷4

④ 15÷2

⑤ 60÷8

⑥ 65÷7

2 暗算でしましょう。

① 48+14

② 69+28

③ 52+76

④ 86+49

⑤ 35−23

⑥ 87−43

⑦ 40−22

⑧ 73−37

33 時間の計算 ①

1 次の時間をもとめましょう。

❶ 午前 8 時 40 分から午前 9 時 10 分まで

[　　　　　　　]

❷ 午後 3 時から午後 6 時 10 分まで

[　　　　　　　]

❸ 午後 1 時 20 分から午後 4 時まで

[　　　　　　　]

❹ 午前 11 時から午後 3 時 50 分まで

[　　　　　　　]

❺ 午前 10 時 40 分から午後 2 時まで

[　　　　　　　]

❻ 午前 9 時 50 分から午後 2 時 30 分まで

[　　　　　　　]

【 　月　　　日 】

合かく
5こ

合かく
4こ

計算
正答数

こ
6こ

＋コグトレ
正答数

こ
6こ

34 時間の計算 ②

→答えは 82 ページ

1 次の時こくをもとめましょう。

❶ 午前 9 時 30 分の 40 分後

[　　　　　　　　　　　　　　]

❷ 午後 2 時 50 分の 1 時間 30 分後

[　　　　　　　　　　　　　　]

❸ 午前 10 時 20 分の 4 時間 50 分後

[　　　　　　　　　　　　　　]

❹ 午後 4 時 30 分の 50 分前

[　　　　　　　　　　　　　　]

❺ 午前 10 時 20 分の 2 時間 40 分前

[　　　　　　　　　　　　　　]

❻ 午後 1 時 20 分の 4 時間 40 分前

[　　　　　　　　　　　　　　]

プラス ＋コグトレ ....

▶ もとめたあとに，時こくが午前 0 時から進む順に，問題の番号を書きましょう。

午前 0 時

(　　　)(　　　)(　　　)(　　　)(　　　)(　　　)

合かく
5こ

合かく
4こ

計算
正答数

　　　こ
6こ

＋コグトレ
正答数

　　　こ
6こ

➡ 答えは82ページ

1 □にあてはまる数を書きましょう。

❶ 3分 ＝ □ 秒

❷ 2分20秒 ＝ □ 秒

❸ 5分40秒 ＝ □ 秒

1分は何秒
だったかな？

❹ 120秒 ＝ □ 分

❺ 100秒 ＝ □ 分 □ 秒

❻ 230秒 ＝ □ 分 □ 秒

プラス
＋コグトレ ・・

▶もとめたあとに，時間が短い順に，問題の番号を書きましょう。

◀━━━━━━ 短 い ━━━━━━　　━━━━━━ 長 い ━━━━━━▶

(　　)(　　)(　　)(　　)(　　)(　　)

36 長さの計算 ①

1 ☐にあてはまる数を書きましょう。

① 3 km = ☐ m

② 6000 m = ☐ km

③ 2 km 800 m = ☐ m

④ 4300 m = ☐ km ☐ m

⑤ 4 km 50 m = ☐ m

⑥ 10080 m = ☐ km ☐ m

37 長さの計算 ②

合かく 5こ　合かく 4こ

計算 正答数　　こ ／6こ

＋コグトレ 正答数　　こ ／6こ

➡ 答えは83ページ

1 計算をしましょう。

❶ 1km300m+800m

❷ 3km400m+2km700m

❸ 2km600m+5km400m

❹ 2km500m−700m

❺ 3km200m−1km800m

❻ 4km−2km70m

プラス ＋コグトレ ・・・

▶ もとめたあとに, きょりが短い順に, 問題の番号を書きましょう。

◀ 　　　　短　い　　　　　　　　　　長　い　　　　▶

(　　)(　　)(　　)(　　)(　　)(　　)

38 重さの計算 ①

➡ 答えは 83 ページ

1 □にあてはまる数を書きましょう。

❶ 4 kg＝□ g

❷ 8000 g＝□ kg

❸ 3 kg 100 g＝□ g

❹ 2900 g＝□ kg □ g

❺ 3 kg 40 g＝□ g

❻ 6040 g＝□ kg □ g

39 重さの計算 ②

→ 答えは 83 ページ

1 ◻️にあてはまる数を書きましょう。

❶ 3 t = ◻️ kg

❷ 4000 kg = ◻️ t

❸ 2 t 500 kg = ◻️ kg

❹ 7200 kg = ◻️ t ◻️ kg

❺ l t 50 kg = ◻️ kg

❻ 3220 kg = ◻️ t ◻️ kg

プラス
➕コグトレ ・・

▶ もとめたあとに，重さが軽い順に，問題の番号を書きましょう。

◀━━━ 軽 い ━━━━━━━ 重 い ━━━▶

( )( )( )( )( )( )

40 重さの計算 ③

➡ 答えは 83 ページ

合かく 5こ

合かく 4こ

計算 正答数 ／6こ

➕ コグトレ 正答数 ／6こ

1 計算をしましょう。

❶ 2kg 600g＋700g

❷ 2kg 300g＋4kg 900g

❸ 3t 200kg＋4t 800kg

❹ 5kg 100g－600g

❺ 4kg 500g－1kg 900g

❻ 5t－1t 90kg

プラス  コグトレ ....

▶ もとめたあとに，重さが重い順に，問題の番号を書きましょう。

重 い　　　　　　　　　　　　　　軽 い

（　　　）（　　　）（　　　）（　　　）（　　　）（　　　）

➡ 答えは 84 ページ

1 次の時間や時こくをもとめましょう。

❶ 午後 2 時 20 分から午後 4 時 30 分までの時間

[　　　　　　　　　　]

❷ 午前 10 時 30 分から午後 5 時 10 分までの時間

[　　　　　　　　　　]

❸ 午前 9 時 40 分の 3 時間 45 分後の時こく

[　　　　　　　　　　]

2 □ にあてはまる数を書きましょう。

❶ 1 分 30 秒 = □ 秒

❷ 4 分 = □ 秒

❸ 2 分 15 秒 = □ 秒

❹ 85 秒 = □ 分 □ 秒

1 □にあてはまる数を書きましょう。

❶ 3 kg 600 g= [　　　] g

❷ 4000 m= [　　] km

❸ 1 t 5 kg= [　　　] kg

2 計算をしましょう。

❶ 3 km 100 m−700 m

❷ 3 kg 900 g+1 kg 600 g

❸ 6 km−2 km 3 m

43 何十のかけ算

1 計算をしましょう。

① 20×3   ② 30×4

③ 60×7   ④ 50×8

⑤ 30×6   ⑥ 80×4

⑦ 40×5   ⑧ 20×9

⑨ 60×8   ⑩ 70×2

⑪ 50×9   ⑫ 40×7

⑬ 80×2   ⑭ 90×8

44 何百のかけ算

➡ 答えは84ページ

合かく 12こ — 合かく 5こ

計算 正答数 ___こ ／14こ

➕ コグトレ 正答数 ___こ ／6こ

1 計算をしましょう。

① 100×6   ② 300×5   ③ 400×3

④ 600×9   ⑤ 500×4   ⑥ 200×7

⑦ 200×5   ⑧ 800×8   ⑨ 300×9

⑩ 500×2   ⑪ 700×7   ⑫ 400×6

⑬ 600×3   ⑭ 900×4

プラス ➕ コグトレ

▶ ⑨〜⑭の答えは，下の暗号カードを使って，ひらがなにおきかえて，解答らんに答えを書きましょう。（例：5000だと「かあああ」）

解答らん

⑨		⑩	
⑪		⑫	
⑬		⑭	

暗号カード

0：あ 1：い 2：う

3：え 4：お 5：か

6：き 7：く 8：け

9：こ

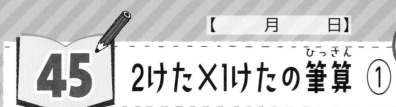

45 2けた×1けたの筆算 ①

1 計算をしましょう。

❶　　1 1
　　× 　6

❷　　1 3
　　× 　3

❸　　1 4
　　× 　2

❹　　3 1
　　× 　2

❺　　2 2
　　× 　4

❻　　4 2
　　× 　2

❼　　2 2
　　× 　3

❽　　3 4
　　× 　2

❾　　3 0
　　× 　3

❿　　3 3
　　× 　2

⓫　　3 1
　　× 　3

⓬　　2 3
　　× 　3

【 月 日 】

➡ 答えは 85 ページ

1 計算をしましょう。

①
```
  1 2
×   5
```

②
```
  1 7
×   5
```

③
```
  2 6
×   3
```

④
```
  2 5
×   3
```

⑤
```
  4 6
×   2
```

⑥
```
  1 5
×   4
```

⑦
```
  3 7
×   2
```

⑧
```
  2 8
×   2
```

⑨
```
  4 9
×   2
```

⑩
```
  1 8
×   4
```

⑪
```
  1 3
×   7
```

⑫
```
  1 9
×   5
```

プラス ＋コグトレ ....

▶ ⑦〜⑫の答えは，下の暗号（あんごう）カードを使（つか）って，記号におきかえて，解答（かいとう）らんに答え を書きましょう。（例（れい）：95 だと「■×」）

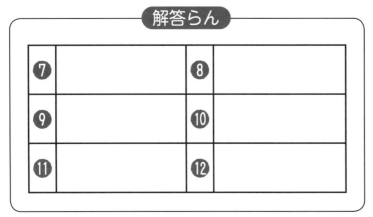

解答らん

⑦		⑧	
⑨		⑩	
⑪		⑫	

暗号カード

0：○　1：△　2：▽

3：□　4：◇　5：×

6：◎　7：▲　8：▼

9：■

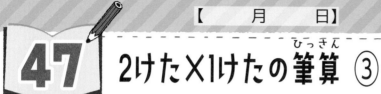

1 計算をしましょう。

① 　21
　　× 8

② 　41
　　× 5

③ 　30
　　× 7

④ 　85
　　× 5

⑤ 　32
　　× 7

⑥ 　15
　　× 8

⑦ 　26
　　× 4

⑧ 　76
　　× 8

⑨ 　47
　　× 9

⑩ 　39
　　× 6

⑪ 　58
　　× 7

⑫ 　78
　　× 8

プラス ＋コグトレ ・・・

▶ ⑦～⑫の答えは，下の暗号カードを使って，記号におきかえて，解答らんに答えを書きましょう。(例：957 だと「■×▲」)

解答らん

⑦		⑧	
⑨		⑩	
⑪		⑫	

暗号カード

0：○　1：△　2：▽

3：□　4：◇　5：×

6：◎　7：▲　8：▼

9：■

1 □にあてはまる数を書きましょう。

①
```
    2 [ア□]
  ×   3
────────
  [イ□] 9
```

②
```
    1 7
  × [ア□]
────────
  [イ□] 8
```

③
```
  [ア□] 6
  × [イ□]
────────
  1 8 0
```

④
```
  [ア□] 9
  × [イ□]
────────
  3 [ウ□] 3
```

プラス **＋コグトレ** ・・

▶ 答えは，下の暗号カードを使って，記号におきかえて，□に書きましょう。

①
```
  [ア□] 6
  ×   9
────────
  6 [イ□][ウ□]
```

②
```
  [ア□] 6
  × [イ□]
────────
  [ウ□] 4
```

2けた×1けたのかけ算になるように考えてね。

暗号カード

0：○　1：△　2：▽　3：□　4：◇　5：×　6：◎　7：▲　8：▼　9：■

49 3けた×1けたの筆算 ①

→ 答えは 86 ページ

1 計算をしましょう。

❶ 123
× 2

❷ 212
× 4

❸ 131
× 3

❹ 126
× 3

❺ 218
× 4

❻ 138
× 2

❼ 114
× 6

❽ 105
× 6

❾ 224
× 3

❿ 215
× 4

⓫ 108
× 4

⓬ 124
× 4

＋コグトレ

▶ ❼〜⓬の答えは，下の暗号カードを使って，記号におきかえて，解答らんに答えを書きましょう。(例：957だと「■×▲」)

解答らん

❼		❽	
❾		❿	
⓫		⓬	

暗号カード

0：○ 1：△ 2：▽

3：□ 4：◇ 5：×

6：◎ 7：▲ 8：▼

9：■

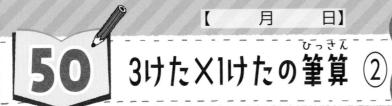

50 3けた×1けたの筆算 ②

→ 答えは86ページ

1 計算をしましょう。

❶
```
  1 4 3
×     3
```

❷
```
  1 3 1
×     5
```

❸
```
  1 5 2
×     4
```

❹
```
  1 9 4
×     2
```

❺
```
  2 7 3
×     3
```

❻
```
  1 2 1
×     8
```

❼
```
  1 6 1
×     4
```

❽
```
  1 3 2
×     4
```

❾
```
  3 8 2
×     2
```

❿
```
  2 6 2
×     2
```

⓫
```
  1 3 1
×     6
```

⓬
```
  1 6 4
×     2
```

プラス ＋コグトレ ……………………………………………

▶ ❼～⓬の答えは，下の暗号カードを使って，記号におきかえて，解答らんに答え
を書きましょう。（例：957だと「■×▲」）

【解答らん】

❼		❽	
❾		❿	
⓫		⓬	

【暗号カード】

0：○　1：△　2：▽

3：□　4：◇　5：×

6：◎　7：▲　8：▼

9：■

51 3けた×1けたの筆算 ③

➡ 答えは 86 ページ

1 計算をしましょう。

① 147
　× 　3

② 237
　× 　4

③ 134
　× 　5

④ 777
　× 　4

⑤ 369
　× 　3

⑥ 389
　× 　6

⑦ 448
　× 　7

⑧ 279
　× 　4

⑨ 336
　× 　6

⑩ 265
　× 　8

⑪ 759
　× 　7

⑫ 235
　× 　9

＋コグトレ

▶ ⑦〜⑫の答えは，下の暗号カードを使って，記号におきかえて，解答らんに答えを書きましょう。(例：9571 だと「■×▲△1」)

【 解答らん 】

⑦		⑧	
⑨		⑩	
⑪		⑫	

【 暗号カード 】

0：○　1：△　2：▽

3：□　4：◇　5：×

6：◎　7：▲　8：▼

9：■

52 3けた×1けたの虫食い算

合かく 3こ — 合かく 1こ

計算 正答数 ／4こ　＋コグトレ 正答数 ／2こ

➡答えは86ページ

1 □にあてはまる数を書きましょう。

❶
```
    1 2 [ア]
  ×     7
  ─────────
 [イ][ウ] 4
```

❷
```
    3 [ア] 5
  ×   [イ]
  ─────────
    9 4 [ウ]
```

❸
```
  [ア] 2 [イ]
  ×       9
  ─────────
  3 [ウ][エ] 1
```

❹
```
    2 [ア] 7
  ×     [イ]
  ─────────
  1 2 4 [ウ]
```

プラス ＋コグトレ

▶答えは，下の暗号カードを使って，記号におきかえて，□に書きましょう。

❶
```
  [ア] 0 [イ]
  ×       9
  ─────────
  [ウ][エ] 9
```

❷
```
    5 3 [ア]
  ×     [イ]
  ─────────
  [ウ][エ] 5 9
```

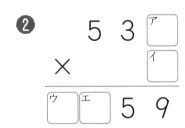

正解はどの組み合わせかな？

暗号カード

0：○　1：△　2：▽　3：□　4：◇　5：×　6：◎　7：▲　8：▼　9：■

➡ 答えは87ページ

53 かけ算の暗算 ①

合かく 12こ
合かく 5こ

計算 正答数　　こ / 14こ
➕コグトレ 正答数　　こ / 6こ

1 暗算でしましょう。

❶ 11×7　　❷ 13×3　　❸ 23×2

❹ 41×2　　❺ 33×3　　❻ 24×2

❼ 12×5　　❽ 23×4　　❾ 36×2

❿ 16×4　　⓫ 19×3　　⓬ 13×6

⓭ 48×2　　⓮ 45×2

プラス ➕コグトレ

▶ ❾〜⓮の答えは，下の暗号カードを使って，記号におきかえて，解答らんに答えを書きましょう。(例：95 だと「■×」)

【解答らん】

❾		❿	
⓫		⓬	
⓭		⓮	

【暗号カード】

0：○　1：△　2：▽

3：□　4：◇　5：×

6：◎　7：▲　8：▼

9：■

【　月　日】

合かく 12こ　合かく 5こ

54 かけ算の暗算（あんざん） ②

計算 正答数 こ/14こ　＋コグトレ 正答数 こ/6こ

➡答えは 87 ページ

1 暗算でしましょう。

❶ 130×2　❷ 120×4

❸ 320×3　❹ 160×4

❺ 350×2　❻ 170×5

❼ 120×8　❽ 22×30

❾ 14×20　❿ 11×80

⓫ 27×30　⓬ 49×20

⓭ 15×60　⓮ 19×50

プラス ＋コグトレ

▶ ❾～⓮の答えは，下の暗号（あんごう）カードを使（つか）って，記号におきかえて，解答（かいとう）らんに答えを書きましょう。（例（れい）：957 だと「■×▲」）

解答らん

❾		❿	
⓫		⓬	
⓭		⓮	

暗号カード

0：○　1：△　2：▽

3：□　4：◇　5：×

6：◎　7：▲　8：▼

9：■

【 月 日】

55 まとめテスト ⑨

合かく 11こ

計算 正答数

___ こ
13こ

→ 答えは 87 ページ

1 計算をしましょう。

❶ 30×8

❷ 70×6

❸ 800×4

❹ 600×5

2 計算をしましょう。

❶ 34
　× 2

❷ 35
　× 2

❸ 13
　× 7

❹ 51
　× 6

❺ 64
　× 2

❻ 91
　× 7

❼ 34
　× 4

❽ 62
　× 9

❾ 83
　× 8

56 まとめテスト ⑩

1 暗算でしましょう。

① 23×3　　　　　② 37×2

③ 24×4　　　　　④ 16×6

2 計算をしましょう。

①　　102
　×　　 8

②　　217
　×　　 4

③　　163
　×　　 2

④　　182
　×　　 3

⑤　　264
　×　　 3

⑥　　158
　×　　 5

⑦　　139
　×　　 8

⑧　　747
　×　　 7

⑨　　349
　×　　 9

57 何十をかける計算

合かく
12こ

計算
正答数
_____ こ
14こ

→ 答えは 88 ページ

1 計算をしましょう。

❶ 13×20

❷ 56×10

❸ 20×30

❹ 12×30

❺ 8×90

❻ 17×50

❼ 60×50

❽ 44×30

❾ 34×40

❿ 9×50

⓫ 25×40

⓬ 30×60

⓭ 56×50

⓮ 37×70

58 2けた×2けたの筆算 ①

➡ 答えは 88 ページ

1 計算をしましょう。

❶
$$\begin{array}{r} 13 \\ \times\ 32 \\ \hline \end{array}$$

❷
$$\begin{array}{r} 23 \\ \times\ 21 \\ \hline \end{array}$$

❸
$$\begin{array}{r} 11 \\ \times\ 54 \\ \hline \end{array}$$

❹
$$\begin{array}{r} 14 \\ \times\ 22 \\ \hline \end{array}$$

❺
$$\begin{array}{r} 33 \\ \times\ 22 \\ \hline \end{array}$$

❻
$$\begin{array}{r} 42 \\ \times\ 21 \\ \hline \end{array}$$

❼
$$\begin{array}{r} 11 \\ \times\ 87 \\ \hline \end{array}$$

❽
$$\begin{array}{r} 31 \\ \times\ 32 \\ \hline \end{array}$$

❾
$$\begin{array}{r} 12 \\ \times\ 43 \\ \hline \end{array}$$

❿
$$\begin{array}{r} 24 \\ \times\ 12 \\ \hline \end{array}$$

⓫
$$\begin{array}{r} 13 \\ \times\ 21 \\ \hline \end{array}$$

⓬
$$\begin{array}{r} 33 \\ \times\ 23 \\ \hline \end{array}$$

プラス ＋コグトレ ･･

▶ ❼～⓬の答えは，下の暗号カードを使って，記号におきかえて，解答らんに答え
を書きましょう。（例：624 だと「◎▽◇」）

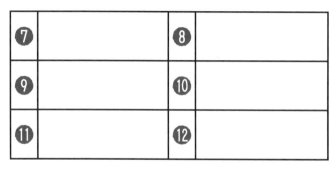

解答らん

❼		❽	
❾		❿	
⓫		⓬	

暗号カード

0：○　1：△　2：▽

3：□　4：◇　5：×

6：◎　7：▲　8：▼

9：■

[　月　　日]

59　2けた×2けたの筆算②

 合かく 10こ

 合かく 5こ

 計算 正答数　　こ ／12こ　　＋コグトレ 正答数　　こ ／6こ

➡ 答えは 88 ページ

1　計算をしましょう。

① 　16
　 ×19

② 　25
　 ×24

③ 　26
　 ×35

④ 　34
　 ×28

⑤ 　17
　 ×43

⑥ 　32
　 ×19

⑦ 　20
　 ×36

⑧ 　24
　 ×36

⑨ 　15
　 ×63

⑩ 　18
　 ×52

⑪ 　27
　 ×33

⑫ 　29
　 ×25

＋コグトレ

▶ ⑦〜⑫の答えは，下の暗号カードを使って，記号におきかえて，解答らんに答えを書きましょう。（例：957 だと「■×▲」）

解答らん

⑦		⑧	
⑨		⑩	
⑪		⑫	

暗号カード

0：○　1：△　2：▽

3：□　4：◇　5：×

6：◎　7：▲　8：▼

9：■

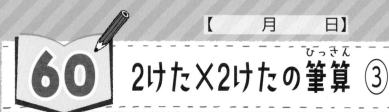

合かく
10こ

合かく
5こ

計算
正答数
ーーこ
／12こ

＋コグトレ
正答数
ーーこ
／6こ

60 2けた×2けたの筆算 ③

➡ 答えは88ページ

1 計算をしましょう。

① 　25
　　×64

② 　54
　　×46

③ 　40
　　×35

④ 　36
　　×47

⑤ 　60
　　×49

⑥ 　57
　　×63

⑦ 　86
　　×23

⑧ 　47
　　×34

⑨ 　70
　　×56

⑩ 　73
　　×29

⑪ 　38
　　×53

⑫ 　66
　　×76

プラス ＋コグトレ

▶ ⑦〜⑫の答えは，下の暗号カードを使って，記号におきかえて，解答らんに答え
　を書きましょう。（例：9571だと「■×▲△」）

解答らん

⑦		⑧	
⑨		⑩	
⑪		⑫	

暗号カード

0：○　1：△　2：▽

3：□　4：◇　5：×

6：◎　7：▲　8：▼

9：■

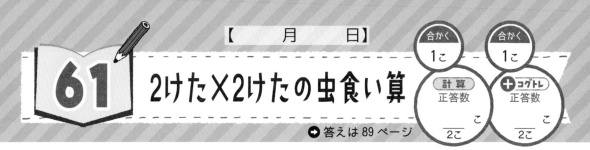

61 2けた×2けたの虫食い算

→ 答えは89ページ

1 □にあてはまる数を書きましょう。

❶
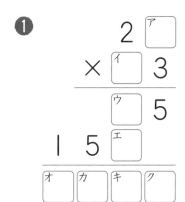

```
      2 [ア]
  × [イ] 3
  ─────────
    [ウ] 5
  1 5 [エ]
  ─────────
[オ][カ][キ][ク]
```

❷

```
  [ア] 7
  × [イ] 5
  ─────────
  3 [ウ][エ]
[オ][カ] 8
  ─────────
[キ][ク] 1 [ケ]
```

プラス ＋コグトレ ‥‥‥‥‥‥‥‥‥‥‥‥‥‥‥‥‥‥‥‥‥‥‥‥‥‥

▶ 答えは，下の暗号カードを使って，記号におきかえて，□に書きましょう。

❶
```
    [ア][イ]
  × [ウ] 7
  ─────────
  3 7 [エ]
[オ] 8 [カ]
  ─────────
  5 [キ] 3 [ク]
```

❷
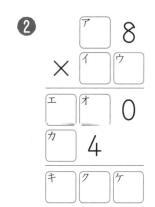

```
    [ア] 8
  × [イ][ウ]
  ─────────
[エ][オ] 0
[カ] 4
  ─────────
[キ][ク][ケ]
```

ウ→イ→アの
じゅんに考えよう。

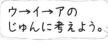

暗号カード

0：○　1：△　2：▽　3：□　4：◇　5：×　6：◎　7：▲　8：▼　9：■

62 3けた×2けたの筆算

➡ 答えは 89 ページ

1 計算をしましょう。

①
```
   1 3 2
 ×   2 3
```

②
```
   2 4 1
 ×   1 2
```

③
```
   3 2 1
 ×   2 2
```

④
```
   1 1 4
 ×   3 5
```

⑤
```
   2 6 3
 ×   3 1
```

⑥
```
   2 4 8
 ×   4 3
```

⑦
```
   3 9 7
 ×   6 7
```

⑧
```
   4 5 8
 ×   5 9
```

⑨
```
   6 9 7
 ×   2 8
```

⑩
```
   3 0 8
 ×   4 6
```

⑪
```
   7 0 9
 ×   3 3
```

⑫
```
   2 0 6
 ×   7 9
```

➕ コグトレ ••

▶ ⑦〜⑫の答えは，下の暗号カードを使って，記号におきかえて，解答らんに答えを書きましょう。(例：95713 だと「■×▲△□」)

63 小　数 ①

1 □にあてはまる数を書きましょう。

❶ 0.1 を 6 こ集めた数は, □

❷ 0.1 を 15 こ集めた数は, □

❸ 0.5 は, 0.1 を □ こ集めた数

❹ 0.8 より 0.4 大きい数は, □

❺ 3.2 より 1 小さい数は, □

❻ 2.7 は, 2 より □ 大きい数

❼ 3.6 は, 4 より □ 小さい数

❽ 4.2 は, □ より 0.8 小さい数

1 □にあてはまる数を書きましょう。

❶ 2.3 cm は 0.1 cm の □ こ分

❷ 300 m= □ km

❸ 153 mm= □ cm

❹ 0.1 L の 27 こ分は □ L

❺ 8 dL= □ L

❻ 1200 g= □ kg

65 小　数 ③

➡ 答えは 90 ページ

1 計算をしましょう。

❶ 0.2+0.4　　　　❷ 0.5+0.8

❸ 0.7−0.3　　　　❹ 1.5−0.7

2 計算をしましょう。

❶ 　1.2
　 ＋2.4

❷ 　2.6
　 ＋2.1

❸ 　3.5
　 ＋1.8

❹ 　4.5
　 ＋0.5

❺ 　3.7
　 −1.2

❻ 　2.9
　 −1.5

❼ 　3.1
　 −1.9

❽ 　2.6
　 −1.7

❾ 　4
　 −2.8

プラス ＋コグトレ ・・

▶ **2** ❼〜❾の答えは，下の暗号（あんごう）カードを使（つか）って，記号におきかえて，解答（かいとう）らんに，整数（せいすう）と小数点と小数点以下（いか）の数字の順（じゅん）で書きましょう。（例（れい）：1.5 だと「△.×」）

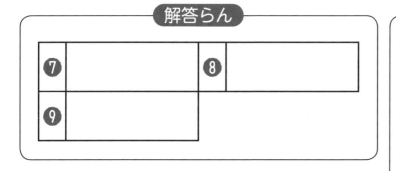

解答らん

❼		❽	
❾			

暗号カード

0：○　1：△　2：▽

3：□　4：◇　5：×

6：◎　7：▲　8：▼

9：■

【　　月　　日】

66 分　数 ①

➜ 答えは90ページ

1 □にあてはまる数を書きましょう。

❶ 1 m を 4 等分した 1 こ分の長さは，□ m です。

❷ 1 L を 5 等分した 3 こ分のかさは，□ L です。

❸ $\frac{1}{8}$ の 4 こ分は，□ です。

等しい大きさに分けることを等分するというよ。

❹ $\frac{3}{4}$ は，$\frac{1}{4}$ の □ こ分です。

❺ $\frac{7}{10}$ は，$\frac{1}{10}$ の □ こ分です。

❻ $\frac{1}{5}$ の □ こ分は，1 です。

➡ 答えは 90 ページ

1 ◻ にあてはまる数を書きましょう。

❶ $\dfrac{4}{6}$ と $\dfrac{3}{6}$ では，◻ のほうが大きい。

❷ $\dfrac{2}{5}$ と $\dfrac{2}{3}$ では，◻ のほうが大きい。

2 ◻ にあてはまる等号や不等号を書きましょう。

❶ $\dfrac{7}{10}$ ◻ $\dfrac{8}{10}$　　　❷ $\dfrac{13}{10}$ ◻ 1

❸ $\dfrac{4}{10}$ ◻ 0.4　　　❹ $\dfrac{5}{10}$ ◻ 1.5

❺ $\dfrac{9}{7}$ ◻ $\dfrac{6}{7}$　　　❻ $\dfrac{1}{3}$ ◻ $\dfrac{1}{2}$

→ 答えは 90 ページ

1 計算をしましょう。

❶ $\dfrac{1}{5} + \dfrac{3}{5}$

❷ $\dfrac{2}{4} + \dfrac{1}{4}$

❸ $\dfrac{3}{6} + \dfrac{2}{6}$

❹ $\dfrac{4}{7} + \dfrac{2}{7}$

❺ $\dfrac{3}{10} + \dfrac{7}{10}$

❻ $\dfrac{3}{8} + \dfrac{5}{8}$

❼ $\dfrac{3}{4} - \dfrac{1}{4}$

❽ $\dfrac{6}{7} - \dfrac{2}{7}$

❾ $\dfrac{9}{10} - \dfrac{7}{10}$

❿ $\dfrac{4}{5} - \dfrac{3}{5}$

⓫ $1 - \dfrac{6}{7}$

⓬ $1 - \dfrac{2}{9}$

プラス コグトレ ・・

▶ ❼〜⓬の答えは，下の暗号カードを使って，分子と分母の数字を記号におきかえて，解答らんに書きましょう。（例：$\dfrac{1}{3}$ だと $\dfrac{\triangle}{\square}$）

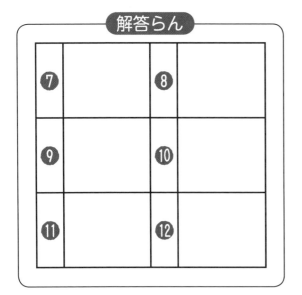

解答らん

❼		❽	
❾		❿	
⓫		⓬	

暗号カード

0：○　1：△　2：▽

3：□　4：◇　5：×

6：◎　7：▲　8：▼

9：■

【 月 日】

69 まとめ テスト ⑪

合かく 9こ

計算 正答数

こ

11こ

→ 答えは 91 ページ

1 計算をしましょう。

❶ 12×70

❷ 53×80

2 計算をしましょう。

❶
```
   40
×  22
```

❷
```
   23
×  18
```

❸
```
   34
×  25
```

❹
```
   29
×  82
```

❺
```
   44
×  55
```

❻
```
   58
×  62
```

❼
```
   536
×   38
```

❽
```
   459
×   24
```

❾
```
   807
×   56
```

【　月　　日】

70 まとめテスト ⑫

合かく 10こ

計算 正答数

12こ　　こ

→答えは 91 ページ

1 計算をしましょう。

❶　　3.6
　　+1.2

❷　　4.1
　　+2.9

❸　　2.4
　　+3

❹　　3.1
　　−1.4

❺　　7.5
　　−3.5

❻　　　6
　　−1.5

2 計算をしましょう。

❶ $\dfrac{2}{7}+\dfrac{2}{7}$

❷ $\dfrac{1}{9}+\dfrac{7}{9}$

❸ $\dfrac{4}{10}+\dfrac{6}{10}$

❹ $\dfrac{4}{5}-\dfrac{2}{5}$

❺ $\dfrac{7}{8}-\dfrac{3}{8}$

❻ $1-\dfrac{2}{6}$

コグトレ 小3 計算ドリル

答え

1 10のかけ算
【 月 日】
合かく 13こ
合かく 6こ
計算 正答数 16こ こ
＋コグトレ 正答数 8こ こ
● 答えは 74 ページ

1 計算をしましょう。

❶ 5×10 = 50　　❷ 10×2 = 20　　❸ 4×10 = 40

❹ 10×7 = 70　　❺ 10×8 = 80　　❻ 2×10 = 20

❼ 10×3 = 30　　❽ 10×4 = 40　　❾ 10×5 = 50

❿ 9×10 = 90　　⓫ 3×10 = 30　　⓬ 10×6 = 60

⓭ 7×10 = 70　　⓮ 8×10 = 80　　⓯ 10×9 = 90

⓰ 6×10 = 60

＋コグトレ

▶ 計算した答えが同じになるものが、それぞれ一組ずつあります。下の（ ）に、その問題番号を書きましょう。

（ ❶ ）と（ ❾ ）｜（ ❷ ）と（ ❻ ）｜（ ❸ ）と（ ❽ ）

（ ❹ ）と（ ⓭ ）｜（ ❺ ）と（ ⓮ ）｜（ ❼ ）と（ ⓫ ）

（ ❿ ）と（ ⓯ ）｜（ ⓬ ）と（ ⓰ ）｜順番はちがっていてもかまいません。

—3—

---

1 □にあてはまる数を書きましょう。

❶ 5×| 7 |=35　　❷ | 6 |×3=18

❸ | 7 |×7=49　　❹ 3×| 8 |=24

❺ 8×| 5 |=40　　❻ | 4 |×5=20

❼ | 2 |×7=14　　❽ 9×| 8 |=72

❾ 4×| 2 |=8　　❿ | 1 |×9=9

⓫ | 7 |×8=56　　⓬ 7×| 4 |=28

⓭ 6×| 7 |=42　　⓮ | 9 |×5=45

—4—

---

3 九九を使った計算 ②
【 月 日】
合かく 5こ
合かく 4こ
計算 正答数 6こ こ
＋コグトレ 正答数 6こ こ
● 答えは 74 ページ

1 □にあてはまる数を書きましょう。

❶ 5×2 は、5×1 より | 5 | だけ大きい。

❷ 9×3 は、9×4 より | 9 | だけ小さい。

❸ 2×4 は、2×3 より | 2 | だけ大きい。

❹ 7×7 は、7×8 より | 7 | だけ小さい。

❺ 6×5 は、6×4 より | 6 | だけ大きい。

❻ 8×5 は、8×6 より | 8 | だけ小さい。

＋コグトレ

▶ 書いたあとに、下線部の計算の答えが大きい順に、問題の番号を書きましょう。

大きい　　　　　　　　　　　小さい

（ ❹ ）（ ❻ ）（ ❺ ）（ ❷ ）（ ❶ ）（ ❸ ）

—5—

---

1 24 このあめがあります。

❶ 3 人に同じ数ずつ分けるとき、1 人分は何こになるか、わり算の式に書いてもとめましょう。
（式） 24÷3 = 8

[8こ]

❷ 1 人に 4 こずつ分けるとき、何人に分けられるか、わり算の式に書いてもとめましょう。
（式） 24÷4 = 6

[6人]

2 計算をしましょう。

❶ 21÷3 = 7　　　❷ 9÷1 = 9

❸ 12÷2 = 6　　　❹ 15÷3 = 5

❺ 10÷2 = 5　　　❻ 5÷1 = 5

❼ 16÷2 = 8　　　❽ 27÷3 = 9

—6—

5 分け方とわり算 ②

合かく 12こ　計算 正答数 14こ
合かく 12こ　コグトレ 正答数 14こ

◯答えは75ページ

1 計算をしましょう。

❶ 15÷5＝3　　❷ 40÷5＝8　　❸ 20÷4＝5

❹ 25÷5＝5　　❺ 42÷6＝7　　❻ 54÷6＝9

❼ 10÷5＝2　　❽ 24÷4＝6　　❾ 32÷4＝8

❿ 4÷4＝1　　⓫ 36÷6＝6　　⓬ 18÷6＝3

⓭ 28÷4＝7　　⓮ 30÷5＝6

＋コグトレ

▶ 答えは，下の暗号カードを使って，解答らんにひらがなを書きましょう。
（例：5だと「お」）

解答らん

❶	う	❷	く	❸	お	❹	お
❺	き	❻	け	❼	い	❽	か
❾	く	❿	あ	⓫	か	⓬	う
⓭	き	⓮	か				

暗号カード

1：あ 2：い 3：う
4：え 5：お 6：か
7：き 8：く 9：け
10：こ

—7—

6 分け方とわり算 ③

合かく 12こ　計算 正答数 14こ
合かく 12こ　コグトレ 正答数 14こ

◯答えは75ページ

1 計算をしましょう。

❶ 40÷8＝5　　❷ 14÷7＝2　　❸ 32÷8＝4

❹ 42÷7＝6　　❺ 36÷9＝4　　❻ 45÷9＝5

❼ 56÷7＝8　　❽ 24÷8＝3　　❾ 49÷7＝7

❿ 64÷8＝8　　⓫ 81÷9＝9　　⓬ 8÷8＝1

⓭ 63÷9＝7　　⓮ 18÷9＝2

＋コグトレ

▶ 答えは，下の暗号カードを使って，解答らんにひらがなを書きましょう。
（例：5だと「お」）

解答らん

❶	お	❷	い	❸	え	❹	か
❺	え	❻	お	❼	く	❽	う
❾	き	❿	く	⓫	け	⓬	あ
⓭	き	⓮	い				

暗号カード

1：あ 2：い 3：う
4：え 5：お 6：か
7：き 8：く 9：け
10：こ

—8—

7 0のかけ算, 0のわり算

合かく 12こ　計算 正答数 14こ

◯答えは75ページ

1 計算をしましょう。

❶ 3×0＝0　　　　❷ 0÷2＝0

❸ 0÷1＝0　　　　❹ 0×7＝0

❺ 8×0＝0　　　　❻ 0÷4＝0

❼ 0÷9＝0　　　　❽ 5×0＝0

❾ 0×1＝0　　　　❿ 0÷5＝0

⓫ 0÷7＝0　　　　⓬ 2×0＝0

⓭ 9×0＝0　　　　⓮ 0÷8＝0

—9—

8 分け方とわり算 ④

合かく 12こ
合かく 5こ
計算 正答数 14こ
＋コグトレ 正答数 6こ

◯答えは75ページ

1 計算をしましょう。

❶ 50÷5＝10　　❷ 30÷3＝10　　❸ 80÷4＝20

❹ 60÷2＝30　　❺ 36÷3＝12　　❻ 55÷5＝11

❼ 48÷4＝12　　❽ 93÷3＝31　　❾ 77÷7＝11

❿ 24÷2＝12　　⓫ 69÷3＝23　　⓬ 84÷4＝21

⓭ 42÷2＝21　　⓮ 64÷2＝32

＋コグトレ

▶ ❾〜⓮の答えは，下の暗号カードを使って，ひらがな・カタカナの順で，組み合わせを解答らんに書きましょう。
（例：25だと「あオ」）

解答らん

❾	おイ	❿	かイ
⓫	おエ	⓬	うエ
⓭	うエ	⓮	いカ

暗号カード

	あ	い	う	え	お	か
ア	1	2	3	4	5	6
イ	7	8	9	10	11	12
ウ	13	14	15	16	17	18
エ	19	20	21	22	23	24
オ	25	26	27	28	29	30
カ	31	32	33	34	35	36

—10—

9 まとめテスト ①

● 答えは 76 ページ

1 計算をしましょう。

❶ $10×1＝10$　　　❷ $2×0＝0$

❸ $6×0＝0$　　　❹ $0×10＝0$

❺ $2×10＝20$　　　❻ $7×10＝70$

❼ $0×3＝0$　　　❽ $10×9＝90$

❾ $0×1＝0$　　　❿ $5×0＝0$

⓫ $8×10＝80$　　　⓬ $0×0＝0$

⓭ $7×0＝0$　　　⓮ $10×4＝40$

—11—

10 まとめテスト ②

● 答えは 76 ページ

1 計算をしましょう。

❶ $2÷2＝1$　　　❷ $30÷5＝6$

❸ $27÷9＝3$　　　❹ $36÷4＝9$

❺ $0÷3＝0$　　　❻ $60÷3＝20$

❼ $45÷5＝9$　　　❽ $16÷8＝2$

❾ $15÷3＝5$　　　❿ $86÷2＝43$

⓫ $72÷9＝8$　　　⓬ $0÷6＝0$

⓭ $96÷3＝32$　　　⓮ $48÷4＝12$

—12—

11 たし算の筆算 ①

● 答えは 76 ページ

1 計算をしましょう。

❶ $134+182＝316$　　❷ $156+173＝329$　　❸ $123+194＝317$

❹ $346+272＝618$　　❺ $252+263＝515$　　❻ $485+144＝629$

❼ $563+175＝738$　　❽ $374+282＝656$　　❾ $613+291＝904$

❿ $453+924＝1377$　　⓫ $842+736＝1578$　　⓬ $637+522＝1159$

—13—

12 たし算の筆算 ②

● 答えは 76 ページ

1 計算をしましょう。

❶ $147+155＝302$　　❷ $168+249＝417$　　❸ $193+338＝531$

❹ $405+396＝801$　　❺ $415+398＝813$　　❻ $567+276＝843$

❼ $254+968＝1222$　　❽ $327+884＝1211$　　❾ $524+696＝1220$

❿ $734+579＝1313$　　⓫ $695+659＝1354$　　⓬ $463+737＝1200$

＋コグトレ

▶ ❼～⓬の答えは，下の暗号カードを使って，ひらがなにおきかえて，解答らんに書きましょう。(例：2019だと「うあいこ」)

解答らん			
❼ いううう	❽ いういい
❾ いううあ	❿ いえいえ
⓫ いえかお	⓬ いうああ

暗号カード
0：あ 1：い 2：う
3：え 4：お 5：か
6：き 7：く 8：け
9：こ

—14—

13 たし算の筆算 ③

合かく 10こ / 5こ
計算 正答数 12こ / コグトレ 正答数 こ

● 答えは 77 ページ

1 計算をしましょう。

❶ 1357
+2418
3775

❷ 4263
+1933
6196

❸ 5475
+2362
7837

❹ 3496
+5186
8682

❺ 7752
+1439
9191

❻ 6384
+2952
9336

❼ 2847
+6983
9830

❽ 5318
+3995
9313

❾ 4246
+2978
7224

❿ 6328
+2695
9023

⓫ 3859
+4143
8002

⓬ 2758
+ 242
3000

プラス コグトレ

▶ ❼～⓬の答えは，下のカードを使って，ひらがなにおきかえて，解答らんに書きましょう。（例：2019 だと「うあいこ」）

解答らん	
❼ こけえあ	❽ こえいえ
❾ くううお	❿ こあうえ
⓫ けああう	⓬ えあああ

暗号カード	
0：あ	1：い	2：う
3：え	4：お	5：か
6：き	7：く	8：け
9：こ	

—15—

14 たし算の虫食い算

合かく 3こ / 1こ
計算 正答数 4こ / コグトレ 正答数 2こ

● 答えは 77 ページ

1 □にあてはまる数を書きましょう。

❶ 2 2 3
+ 3 1 8
5 4 1

❷ 3 4 6
+ 3 4 7
6 9 3

❸ 1 8 7
+ 5 1 7
7 0 4

❹ 6 9 6
+ 8 8 6
1 5 8 2

プラス コグトレ

▶ 答えは，下の暗号カードを使って，ひらがなにおきかえて，□に書きましょう。

❶ 1 お 3 こ
+ え 7 う 4
5 1 6 3

1439
+3724
5163

❷ う 5 き 9
+ 4 お 8 う
7 0 5 1

2569
+4482
7051

暗号カード	
0：あ 1：い 2：う 3：え 4：お 5：か 6：き 7：く 8：け 9：こ	

—16—

15 ひき算の筆算 ①

合かく 10こ
計算 正答数 12こ

● 答えは 77 ページ

1 計算をしましょう。

❶ 252
−139
113

❷ 346
−128
218

❸ 473
−118
355

❹ 561
−328
233

❺ 287
−164
118

❻ 354
−125
229

❼ 236
−173
63

❽ 348
−156
192

❾ 454
−282
172

❿ 519
−245
274

⓫ 627
−393
234

⓬ 775
−482
293

—17—

16 ひき算の筆算 ②

合かく 10こ / 5こ
計算 正答数 12こ / コグトレ 正答数 6こ

● 答えは 77 ページ

1 計算をしましょう。

❶ 423
−167
256

❷ 342
−158
184

❸ 416
−279
137

❹ 300
−173
127

❺ 406
−268
138

❻ 701
−335
366

❼ 837
−268
569

❽ 616
−347
269

❾ 554
−276
278

❿ 505
−247
258

⓫ 700
−524
176

⓬ 304
−138
166

プラス コグトレ

▶ ❼～⓬の答えは，下の暗号カードを使って，ひらがなにおきかえて，解答らんに書きましょう。（例：201 だと「うあい」）

解答らん	
❼ かきこ	❽ うきこ
❾ うくけ	❿ うかけ
⓫ いくき	⓬ いきき

暗号カード	
0：あ	1：い	2：う
3：え	4：お	5：か
6：き	7：く	8：け
9：こ	

—18—

17 ひき算の筆算 ③

合かく 10こ／計算正答数 12こ
合かく 5こ／＋コグトレ正答数 6こ

● 答えは78ページ

1 計算をしましょう。

❶ 8462 −2309 = 6153
❷ 5284 −1650 = 3634
❸ 4307 −2186 = 2121

❹ 6248 −5179 = 1069
❺ 3262 −1754 = 1508
❻ 7206 −4873 = 2333

❼ 2063 −1975 = 88
❽ 4360 −2784 = 1576
❾ 5247 −1559 = 3688

❿ 7106 −6287 = 819
⓫ 3006 −1439 = 1567
⓬ 8000 − 196 = 7804

＋コグトレ

▶ ❼〜⓬の答えは，下の暗号カードを使って，ひらがなにおきかえて，解答らんに書きましょう。（例：2019だと「うあいこ」）

解答らん

❼ けけ	❽ いかくき	
❾ えきけけ	❿ けいこ	
⓫ いかきく	⓬ くけあお	

暗号カード

0：あ 1：い 2：う
3：え 4：お 5：か
6：き 7：く 8：け
9：こ

−19−

---

18 ひき算の虫食い算

合かく 3こ／計算正答数 4こ
合かく 1こ／＋コグトレ正答数 2こ

● 答えは78ページ

1 □にあてはまる数を書きましょう。

❶ 5 4 6 − 3 3 7 = 2 0 9
❷ 6 8 5 − 3 2 9 = 3 5 6

❸ 7 0 5 − 5 6 7 = 1 3 8
❹ 9 0 0 − 1 2 3 = 7 7 7

＋コグトレ

▶ 答えは，下の暗号カードを使って，ひらがなにおきかえて，□に書きましょう。

❶ 6 あ 3 き − え 5 か l = 2 4 8 5 （6036 −3551 = 2485）
❷ け 5 お 0 − 4 き 3 お = 3 9 0 6 （8540 −4634 = 3906）

くり下がりに気をつけよう。

暗号カード

0：あ 1：い 2：う 3：え 4：お 5：か 6：き 7：く 8：け 9：こ

−20−

---

19 まとめテスト ③

合かく 10こ／計算正答数 12こ

● 答えは78ページ

1 計算をしましょう。

❶ 234 +158 = 392
❷ 356 +192 = 548
❸ 467 +162 = 629

❹ 356 +547 = 903
❺ 365 +379 = 744
❻ 451 +279 = 730

❼ 568 +472 = 1040
❽ 386 +628 = 1014
❾ 981 +549 = 1530

❿ 7360 +1285 = 8645
⓫ 4752 +1854 = 6606
⓬ 3246 +5759 = 9005

−21−

---

20 まとめテスト ④

合かく 10こ／計算正答数 12こ

● 答えは78ページ

1 計算をしましょう。

❶ 351 −239 = 112
❷ 282 −164 = 118
❸ 485 −147 = 338

❹ 540 −274 = 266
❺ 687 −498 = 189
❻ 945 −847 = 98

❼ 606 −359 = 247
❽ 800 −451 = 349
❾ 703 −248 = 455

❿ 1302 − 544 = 758
⓫ 8642 −5793 = 2849
⓬ 4004 −3759 = 245

−22−

21 かけ算のきまり ①

合かく 12こ ／ 計算 正答数 14こ

→答えは79ページ

1 計算をしましょう。

❶ 2×3×3 = 18 ❷ 2×1×3 = 6

❸ 3×2×4 = 24 ❹ 3×3×2 = 18

❺ 4×2×3 = 24 ❻ 2×3×4 = 24

❼ 2×5×3 = 30 ❽ 3×2×3 = 18

❾ 2×1×2 = 4 ❿ 2×2×3 = 12

⓫ 2×2×4 = 16 ⓬ 4×1×3 = 12

⓭ 2×3×5 = 30 ⓮ 2×2×5 = 20

—23—

22 かけ算のきまり ②

合かく 10こ 合かく 5こ ／ 計算 正答数 12こ ＋コグトレ 正答数 6こ

→答えは79ページ

1 計算をしましょう。

❶ 3×(3×2) = 18 ❷ 2×(4×2) = 16

❸ 2×(1×2) = 4 ❹ 2×(5×2) = 20

❺ 2×(4×5) = 40 ❻ 1×(2×4) = 8

❼ 3×(1×4) = 12 ❽ 2×(3×1) = 6

❾ 4×(2×3) = 24 ❿ 2×(1×5) = 10

⓫ 3×(2×4) = 24 ⓬ 4×(2×5) = 40

プラス ＋コグトレ

▶ ❼～⓬の答えは，下の暗号カードの🍎の数をスタートから数えて，答えのリンゴの場所の暗号を，解答らんに書きましょう。

解答らん			
❼ し	❽ か		
❾ ね	❿ こ		
⓫ ね	⓬ り		

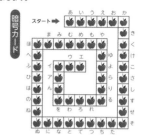

—24—

23 大きな数 ①

合かく 5こ ／ 計算 正答数 6こ

→答えは79ページ

1 ☐ にあてはまる数を数字で書きましょう。

❶ 千を 10 こ集めた数は，10000 です。

❷ 千を 100 こ集めた数は，100000 です。

❸ 一万を 3 こ，千を 7 こ，百を 5 こ合わせた数は，37500 です。

❹ 十万を 2 こ，一万を 4 こ，千を 2 こ合わせた数は，242000 です。

0 の数に気をつけて！

❺ 65000 は，千を 65 こ集めた数です。

❻ 400000 は，一万を 40 こ集めた数です。

—25—

24 大きな数 ②

合かく 5こ 合かく 5こ ／ 計算 正答数 6こ ＋コグトレ 正答数 6こ

→答えは79ページ

1 次の数を 10 倍しましょう。

❶ 20　200 ❷ 57　570 ❸ 63　630

❹ 100　1000 ❺ 400　4000 ❻ 280　2800

プラス ＋コグトレ

▶ 次の数を 100 倍しましょう。答えは，下の暗号カードを使って，数字をひらがなにおきかえて，解答らんに書きましょう。（例：2019 だと「うあいこ」）

❶ 5　500 ❷ 32　3200 ❸ 100　10000

❹ 576　57600 ❺ 328　32800 ❻ 607　60700

解答らん			
❶	かああ	❷	えうああ
❸	いああああ	❹	かくきああ
❺	えうけああ	❻	きあくああ

暗号カード
0：あ　1：い　2：う
3：え　4：お　5：か
6：き　7：く　8：け
9：こ

—26—

25 大きな数 ③

● 答えは 80 ページ

1 次の数を 10 でわりましょう。

❶ 60　6　　　❷ 10　1　　　❸ 50　5

❹ 80　8　　　❺ 70　7　　　❻ 90　9

❼ 100　10　　❽ 260　26　　❾ 450　45

❿ 680　68　　⓫ 970　97　　⓬ 340　34

⓭ 550　55　　⓮ 730　73

➕ コグトレ

▶ 答えは，下の暗号カードを使って，数字をひらがなにおきかえて，解答らんに書きましょう。（例：20 だと「うあ」）

解答らん

❶	き	❷	い	❸	か
❹	け	❺	く	❻	こ
❼	いあ	❽	うき	❾	おか
❿	きけ	⓫	こく	⓬	えお
⓭	かか	⓮	くえ		

暗号カード

0：あ　1：い
2：う　3：え
4：お　5：か
6：き　7：く
8：け　9：こ

—27—

---

26 あまりのあるわり算 ①

● 答えは 80 ページ

1 計算をし，あまりも書きましょう。

❶ 9÷2＝4 あまり 1

あまりはかならず
わる数より
小さくなるよ。

❷ 5÷3＝1 あまり 2

❸ 17÷3＝5 あまり 2　　❹ 26÷4＝6 あまり 2

❺ 35÷4＝8 あまり 3　　❻ 13÷2＝6 あまり 1

❼ 29÷3＝9 あまり 2　　❽ 31÷4＝7 あまり 3

❾ 11÷2＝5 あまり 1　　❿ 14÷3＝4 あまり 2

⓫ 17÷4＝4 あまり 1　　⓬ 19÷4＝4 あまり 3

⓭ 29÷4＝7 あまり 1　　⓮ 22÷3＝7 あまり 1

—28—

---

27 あまりのあるわり算 ②

● 答えは 80 ページ

1 計算をし，あまりも書きましょう。

❶ 17÷6
＝2 あまり 5
❷ 11÷5
＝2 あまり 1
❸ 35÷6
＝5 あまり 5

❹ 27÷7
＝3 あまり 6
❺ 39÷5
＝7 あまり 4
❻ 51÷6
＝8 あまり 3

❼ 45÷6
＝7 あまり 3
❽ 50÷7
＝7 あまり 1
❾ 58÷6
＝9 あまり 4

❿ 14÷5
＝2 あまり 4
⓫ 44÷7
＝6 あまり 2
⓬ 39÷7
＝5 あまり 4

⓭ 19÷6
＝3 あまり 1
⓮ 41÷7
＝5 あまり 6

➕ コグトレ

▶ ❾〜⓮の答えは，下の暗号カードを使って，数字をひらがなにおきかえて，解答らんに答えとあまりの順で書きましょう。（例：3 あまり 5 だと「えか」）

解答らん

❾	こお	❿	うお
⓫	きう	⓬	かお
⓭	えい	⓮	かき

暗号カード

0：あ　1：い　2：う
3：え　4：お　5：か
6：き　7：く　8：け
9：こ

—29—

---

28 あまりのあるわり算 ③

● 答えは 80 ページ

1 計算をし，あまりも書きましょう。

❶ 13÷8
＝1 あまり 5
❷ 43÷9
＝4 あまり 7
❸ 22÷9
＝2 あまり 4

❹ 58÷8
＝7 あまり 2
❺ 45÷8
＝5 あまり 5
❻ 37÷8
＝4 あまり 5

❼ 77÷9
＝8 あまり 5
❽ 65÷8
＝8 あまり 1
❾ 30÷8
＝3 あまり 6

❿ 61÷9
＝6 あまり 7
⓫ 74÷9
＝8 あまり 2
⓬ 55÷8
＝6 あまり 7

⓭ 11÷9
＝1 あまり 2
⓮ 80÷9
＝8 あまり 8

➕ コグトレ

▶ ❾〜⓮の答えは，下の暗号カードを使って，数字をひらがなにおきかえて，解答らんに答えとあまりの順で書きましょう。（例：3 あまり 5 だと「えか」）

解答らん

❾	えき	❿	きく
⓫	けう	⓬	きく
⓭	いう	⓮	けけ

暗号カード

0：あ　1：い　2：う
3：え　4：お　5：か
6：き　7：く　8：け
9：こ

—30—

29 たし算の暗算

合かく 12こ　合かく 5こ
計算 正答数 14こ　コグトレ 正答数 6こ

● 答えは81ページ

1 暗算でしましょう。

❶ 46+10＝56　　❷ 30+59＝89

❸ 23+15＝38　　❹ 58+22＝80

❺ 19+31＝50　　❻ 63+17＝80

❼ 38+25＝63　　❽ 65+29＝94

❾ 34+47＝81　　❿ 84+40＝124

⓫ 96+53＝149　　⓬ 72+87＝159

⓭ 45+55＝100　　⓮ 68+56＝124

＋コグトレ

▶ ❾〜⓮の答えは，下の暗号カードを使って，数字をひらがなにおきかえて，解答らんに答えを書きましょう。(例：123だと「いうえ」)

解答らん			
❾	けい	❿	いうお
⓫	いおこ	⓬	いかこ
⓭	いああ	⓮	いうお

暗号カード
0：あ 1：い 2：う
3：え 4：お 5：か
6：き 7：く 8：け
9：こ

30 ひき算の暗算

合かく 12こ　合かく 5こ
計算 正答数 14こ　コグトレ 正答数 6こ

● 答えは81ページ

1 暗算でしましょう。

❶ 46−23＝23　　❷ 56−31＝25

❸ 69−47＝22　　❹ 75−13＝62

❺ 50−23＝27　　❻ 30−16＝14

❼ 80−69＝11　　❽ 23−16＝7

❾ 92−75＝17　　❿ 63−36＝27

⓫ 44−17＝27　　⓬ 100−37＝63

⓭ 100−78＝22　　⓮ 100−54＝46

＋コグトレ

▶ ❾〜⓮の答えは，下の暗号カードを使って，数字をひらがなにおきかえて，解答らんに答えを書きましょう。(例：12だと「いう」)

解答らん			
❾	いく	❿	うく
⓫	うく	⓬	きえ
⓭	うう	⓮	おき

暗号カード
0：あ 1：い 2：う
3：え 4：お 5：か
6：き 7：く 8：け
9：こ

31 まとめテスト⑤

合かく 8こ　計算 正答数 9こ

● 答えは81ページ

1 計算をしましょう。

❶ 2×4×6＝48　　❷ 3×2×5＝30

❸ 4×(2×4)＝32　　❹ 7×(3×2)＝42

2 □ にあてはまる数を数字で書きましょう。

❶ 一万を7こ，千を5こ，十を2こ合わせた数は，75020 です。

❷ 73000は，千を 73 に集めた数です。

❸ 千を800こ集めた数は，800000 です。

3 次の数を書きましょう。

❶ 408を100倍した数

[40800]

❷ 860を10でわった数

[86]

32 まとめテスト⑥

合かく 12こ　計算 正答数 14こ

● 答えは81ページ

1 計算をし，あまりも書きましょう。

❶ 26÷3＝8 あまり2　　❷ 33÷5＝6 あまり3

❸ 38÷4＝9 あまり2　　❹ 15÷2＝7 あまり1

❺ 60÷8＝7 あまり4　　❻ 65÷7＝9 あまり2

2 暗算でしましょう。

❶ 48+14＝62　　❷ 69+28＝97

❸ 52+76＝128　　❹ 86+49＝135

❺ 35−23＝12　　❻ 87−43＝44

❼ 40−22＝18　　❽ 73−37＝36

33 時間の計算 ①

合かく 5こ
計算 正答数 ／6こ こ

● 答えは 82 ページ

1 次の時間をもとめましょう。

❶ 午前 8 時 40 分から午前 9 時 10 分まで

[30 分]

❷ 午後 3 時から午後 6 時 10 分まで

[3 時間 10 分]

❸ 午後 1 時 20 分から午後 4 時まで

[2 時間 40 分]

❹ 午前 11 時から午後 3 時 50 分まで

[4 時間 50 分]

❺ 午前 10 時 40 分から午後 2 時まで

[3 時間 20 分]

❻ 午前 9 時 50 分から午後 2 時 30 分まで

[4 時間 40 分]

—35—

34 時間の計算 ②

合かく 5こ　合かく 4こ
計算 正答数 ／6こ こ　＋コグトレ 正答数 ／6こ こ

● 答えは 82 ページ

1 次の時こくをもとめましょう。

❶ 午前 9 時 30 分の 40 分後

[午前 10 時 10 分]

❷ 午後 2 時 50 分の 1 時間 30 分後

[午後 4 時 20 分]

❸ 午前 10 時 20 分の 4 時間 50 分後

[午後 3 時 10 分]

❹ 午後 4 時 30 分の 50 分前

[午後 3 時 40 分]

❺ 午前 10 時 20 分の 2 時間 40 分前

[午前 7 時 40 分]

❻ 午後 1 時 20 分の 4 時間 40 分前

[午前 8 時 40 分]

プラス ＋コグトレ ···

▶もとめたあとに，時こくが午前 0 時から進む順に，問題の番号を書きましょう。

午前 0 時

(❺)(❻)(❶)(❸)(❹)(❷)

—36—

35 時間の計算 ③

合かく 5こ　合かく 4こ
計算 正答数 ／6こ こ　＋コグトレ 正答数 ／6こ こ

● 答えは 82 ページ

1 □ にあてはまる数を書きましょう。

❶ 3 分 = 180 秒

❷ 2 分 20 秒 = 140 秒

❸ 5 分 40 秒 = 340 秒

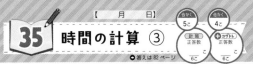

1 分は何秒だったかな？

❹ 120 秒 = 2 分

❺ 100 秒 = 1 分 40 秒

❻ 230 秒 = 3 分 50 秒

プラス ＋コグトレ ···

▶もとめたあとに，時間が短い順に，問題の番号を書きましょう。

◄ 短い　　　　　　　　　　長い ►

(❺)(❹)(❷)(❶)(❻)(❸)

—37—

36 長さの計算 ①

合かく 5こ
計算 正答数 ／6こ こ

● 答えは 82 ページ

1 □ にあてはまる数を書きましょう。

❶ 3 km = 3000 m

❷ 6000 m = 6 km

❸ 2 km 800 m = 2800 m

❹ 4300 m = 4 km 300 m

❺ 4 km 50 m = 4050 m

❻ 10080 m = 10 km 80 m

—38—

37 長さの計算 ②

❶答えは83ページ

1 計算をしましょう。

❶ 1 km 300 m+800 m＝2 km 100 m(2100 m)

❷ 3 km 400 m+2 km 700 m
　　　　　　　　＝6 km 100 m(6100 m)

❸ 2 km 600 m+5 km 400 m＝8 km(8000 m)

❹ 2 km 500 m−700 m＝1 km 800 m(1800 m)

❺ 3 km 200 m−1 km 800 m
　　　　　　　　＝1 km 400 m(1400 m)

❻ 4 km−2 km 70 m＝1 km 930 m(1930 m)

プラス コグトレ ....

▶ もとめたあとに，きょりが短い順に，問題の番号を書きましょう。

◀━━ 短 い ━━━━ 長 い ━━▶
(❺)(❹)(❻)(❶)(❷)(❸)

−39−

---

38 重さの計算 ①

❶答えは83ページ

1 □にあてはまる数を書きましょう。

❶ 4 kg＝ 4000 g

❷ 8000 g＝ 8 kg

❸ 3 kg 100 g＝ 3100 g

❹ 2900 g＝ 2 kg 900 g

❺ 3 kg 40 g＝ 3040 g

❻ 6040 g＝ 6 kg 40 g

−40−

---

39 重さの計算 ②

❶答えは83ページ

1 □にあてはまる数を書きましょう。

❶ 3 t＝ 3000 kg

❷ 4000 kg＝ 4 t

❸ 2 t 500 kg＝ 2500 kg

❹ 7200 kg＝ 7 t 200 kg

❺ 1 t 50 kg＝ 1050 kg

❻ 3220 kg＝ 3 t 220 kg

プラス コグトレ ....

▶ もとめたあとに，重さが軽い順に，問題の番号を書きましょう。

◀━━ 軽 い ━━━━ 重 い ━━▶
(❺)(❸)(❶)(❻)(❷)(❹)

−41−

---

40 重さの計算 ③

❶答えは83ページ

1 計算をしましょう。

❶ 2 kg 600 g+700 g＝3 kg 300 g(3300 g)

❷ 2 kg 300 g+4 kg 900 g＝7 kg 200 g(7200 g)

❸ 3 t 200 kg+4 t 800 kg＝8 t(8000 kg)

❹ 5 kg 100 g−600 g＝4 kg 500 g(4500 g)

❺ 4 kg 500 g−1 kg 900 g＝2 kg 600 g(2600 g)

❻ 5 t−1 t 90 kg＝3 t 910 kg(3910 kg)

プラス コグトレ ....

▶ もとめたあとに，重さが重い順に，問題の番号を書きましょう。

◀━━ 重 い ━━━━ 軽 い ━━▶
(❸)(❻)(❷)(❹)(❶)(❺)

−42−

41 まとめテスト ⑦

1 次の時間や時こくをもとめましょう。

❶ 午後 2 時 20 分から午後 4 時 30 分までの時間

[2 時間 10 分]

❷ 午前 10 時 30 分から午後 5 時 10 分までの時間

[6 時間 40 分]

❸ 午前 9 時 40 分の 3 時間 45 分後の時こく

[午後 1 時 25 分]

2 □にあてはまる数を書きましょう。

❶ 1 分 30 秒 = 90 秒

❷ 4 分 = 240 秒

❸ 2 分 15 秒 = 135 秒

❹ 85 秒 = 1 分 25 秒

—43—

---

42 まとめテスト ⑧

1 □にあてはまる数を書きましょう。

❶ 3 kg 600 g = 3600 g

❷ 4000 m = 4 km

❸ 1 t 5 kg = 1005 kg

2 計算をしましょう。

❶ 3 km 100 m − 700 m = 2 km 400 m（2400 m）

❷ 3 kg 900 g + 1 kg 600 g = 5 kg 500 g（5500 g）

❸ 6 km − 2 km 3 m = 3 km 997 m（3997 m）

—44—

---

43 何十のかけ算

1 計算をしましょう。

❶ 20×3 = 60　　❷ 30×4 = 120

❸ 60×7 = 420　　❹ 50×8 = 400

❺ 30×6 = 180　　❻ 80×4 = 320

❼ 40×5 = 200　　❽ 20×9 = 180

❾ 60×8 = 480　　❿ 70×2 = 140

⓫ 50×9 = 450　　⓬ 40×7 = 280

⓭ 80×2 = 160　　⓮ 90×8 = 720

—45—

---

44 何百のかけ算

1 計算をしましょう。

❶ 100×6 = 600　　❷ 300×5 = 1500　　❸ 400×3 = 1200

❹ 600×9 = 5400　　❺ 500×4 = 2000　　❻ 200×7 = 1400

❼ 200×5 = 1000　　❽ 800×8 = 6400　　❾ 300×9 = 2700

❿ 500×2 = 1000　　⓫ 700×7 = 4900　　⓬ 400×6 = 2400

⓭ 600×3 = 1800　　⓮ 900×4 = 3600

 プラス コグトレ

▶ ❾〜⓮の答えは，下の暗号カードを使って，ひらがなにおきかえて，解答らんに答えを書きましょう。（例：5000だと「かあああ」）

 解答らん

❾ うくああ	❿ いああ
⓫ おこああ	⓬ うおああ
⓭ いけああ	⓮ えきああ

暗号カード

0：あ 1：い 2：う

3：え 4：お 5：か

6：き 7：く 8：け

9：こ

—46—

45 2けた×1けたの筆算①

1 計算をしましょう。

❶	❷	❸
11 × 6 66	13 × 3 39	14 × 2 28

❹	❺	❻
31 × 2 62	22 × 4 88	42 × 2 84

❼	❽	❾
22 × 3 66	34 × 2 68	30 × 3 90

❿	⓫	⓬
33 × 2 66	31 × 3 93	23 × 3 69

―47―

46 2けた×1けたの筆算②

1 計算をしましょう。

❶	❷	❸	❹
12 × 5 60	17 × 5 85	26 × 3 78	25 × 3 75

❺	❻	❼	❽
46 × 2 92	15 × 4 60	37 × 2 74	28 × 2 56

❾	❿	⓫	⓬
49 × 2 98	18 × 4 72	13 × 7 91	19 × 5 95

＋コグトレ

▶ ❼～⓬の答えは，下の暗号カードを使って，記号におきかえて，解答らんに答えを書きましょう。(例：95 だと「■×」)

解答らん

❼	▲◇	❽	×◎
❾	■▼	❿	▲▽
⓫	■△	⓬	■×

暗号カード

0:○ 1:△ 2:▽
3:□ 4:◇ 5:×
6:◎ 7:▲ 8:▼
9:■

―48―

47 2けた×1けたの筆算③

1 計算をしましょう。

❶	❷	❸	❹
21 × 8 168	41 × 5 205	30 × 7 210	85 × 5 425

❺	❻	❼	❽
32 × 7 224	15 × 8 120	26 × 4 104	76 × 8 608

❾	❿	⓫	⓬
47 × 9 423	39 × 6 234	58 × 7 406	78 × 8 624

＋コグトレ

▶ ❼～⓬の答えは，下の暗号カードを使って，記号におきかえて，解答らんに答えを書きましょう。(例：957 だと「■×▲」)

解答らん

❼	△○◇	❽	◎○▼
❾	◇▽□	❿	▽□◇
⓫	◇○◎	⓬	◎▽◇

暗号カード

0:○ 1:△ 2:▽
3:□ 4:◇ 5:×
6:◎ 7:▲ 8:▼
9:■

―49―

48 2けた×1けたの虫食い算

1 □にあてはまる数を書きましょう。

❶	❷
2 [3] × [ ] 3 [6] 9	1 7 × [4] [6] 8

❸	❹
[3] 6 × [5] 1 8 0	[4] 9 × [7] 3 [4] 3

＋コグトレ

▶ 答えは，下の暗号カードを使って，記号におきかえて，□に書きましょう。

❶	❷
[▲] 6 × 9 6 [▼][◇]	7 6 × 9 6 8 4

| | [ ] 6
× [◇]
[◎] 4 | 1 6
× 4
6 4 |

2けた×1けたのかけ算になるように考えてね。

暗号カード

0:○ 1:△ 2:▽ 3:□ 4:◇ 5:× 6:◎ 7:▲ 8:▼ 9:■

―50―

49 3けた×1けたの筆算 ①

【　月　日】

合かく 10こ　計算 正答数　12こ
合かく 5こ　コグトレ 正答数　6こ

● 答えは 86 ページ

1 計算をしましょう。

❶ 123 × 2 = 246
❷ 212 × 4 = 848
❸ 131 × 3 = 393
❹ 126 × 3 = 378

❺ 218 × 4 = 872
❻ 138 × 2 = 276
❼ 114 × 6 = 684
❽ 105 × 6 = 630

❾ 224 × 3 = 672
❿ 215 × 4 = 860
⓫ 108 × 4 = 432
⓬ 124 × 4 = 496

プラス コグトレ

▶ ❼～⓬の答えは，下の暗号カードを使って，記号におきかえて，解答らんに答えを書きましょう。（例：957 だと「■×▲」）

解答らん

❼	◎ ▼ ◇	❽	◎ □ ○
❾	◎ ▲ ▽	❿	▼ ○ ○
⓫	◇ □ ▽	⓬	◇ ■ ◎

暗号カード

0：○　1：△　2：▽
3：□　4：◇　5：×
6：◎　7：▲　8：▼
9：■

−51−

---

50 3けた×1けたの筆算 ②

【　月　日】

合かく 10こ　計算 正答数　12こ
合かく 5こ　コグトレ 正答数　6こ

● 答えは 86 ページ

1 計算をしましょう。

❶ 143 × 3 = 429
❷ 131 × 5 = 655
❸ 152 × 4 = 608
❹ 194 × 2 = 388

❺ 273 × 3 = 819
❻ 121 × 8 = 968
❼ 161 × 4 = 644
❽ 132 × 4 = 528

❾ 382 × 2 = 764
❿ 262 × 2 = 524
⓫ 131 × 6 = 786
⓬ 164 × 2 = 328

プラス コグトレ

▶ ❼～⓬の答えは，下の暗号カードを使って，記号におきかえて，解答らんに答えを書きましょう。（例：957 だと「■×▲」）

解答らん

❼	◎ ◇ ◇	❽	× ▽ ▼
❾	▲ ◎ ×	❿	× ▽ ◇
⓫	▲ ▼ ◎	⓬	□ ▽ ▼

暗号カード

0：○　1：△　2：▽
3：□　4：◇　5：×
6：◎　7：▲　8：▼
9：■

−52−

---

51 3けた×1けたの筆算 ③

【　月　日】

合かく 10こ　計算 正答数　12こ
合かく 5こ　コグトレ 正答数　6こ

● 答えは 86 ページ

1 計算をしましょう。

❶ 147 × 3 = 441
❷ 237 × 4 = 948
❸ 134 × 5 = 670
❹ 777 × 4 = 3108

❺ 369 × 3 = 1107
❻ 389 × 6 = 2334
❼ 448 × 7 = 3136
❽ 279 × 4 = 1116

❾ 336 × 6 = 2016
❿ 265 × 8 = 2120
⓫ 759 × 7 = 5313
⓬ 235 × 9 = 2115

プラス コグトレ

▶ ❼～⓬の答えは，下の暗号カードを使って，記号におきかえて，解答らんに答えを書きましょう。（例：9571 だと「■×▲△」）

解答らん

❼	□ △ □ ◎	❽	△ △ △ ◎
❾	▽ ○ △ ◎	❿	▽ △ ▽ ○
⓫	× □ △ □	⓬	▽ △ △ ×

暗号カード

0：○　1：△　2：▽
3：□　4：◇　5：×
6：◎　7：▲　8：▼
9：■

−53−

---

52 3けた×1けたの虫食い算

【　月　日】

合かく 3こ　計算 正答数　4こ
合かく 1こ　コグトレ 正答数　2こ

● 答えは 86 ページ

1 □にあてはまる数を書きましょう。

❶

1 2 [2]
× 7
[8] [5] 4

❷
3 [1] 5
× [3]
9 4 [5]

❸
[4] 2 9
× 9
3 [8] [6] 1

❹

2 0 7
× [6]
1 2 4 [2]

プラス コグトレ

▶ 答えは，下の暗号カードを使って，記号におきかえて，□に書きましょう。

❶

△ 0 △
× 9
■ ○ 9

= 101 × 9 = 909

❷

5 3 ▲
× ▲
□ ▲ 5 9

= 537 × 7 = 3759

正解はどの組み合わせかな？

暗号カード

0：○　1：△　2：▽　3：□　4：◇　5：×　6：◎　7：▲　8：▼　9：■

−54−

53 かけ算の暗算 ①

【　月　日】

合かく 12こ ／ 計算 正答数 14こ
合かく 5こ ／ コグトレ 正答数 6こ

◆答えは 87 ページ

1 暗算でしましょう。

❶ 11×7 = 77　❷ 13×3 = 39　❸ 23×2 = 46

❹ 41×2 = 82　❺ 33×3 = 99　❻ 24×2 = 48

❼ 12×5 = 60　❽ 23×4 = 92　❾ 36×2 = 72

❿ 16×4 = 64　⓫ 19×3 = 57　⓬ 13×6 = 78

⓭ 48×2 = 96　⓮ 45×2 = 90

プラス コグトレ

▶ ❾～⓮の答えは，下の暗号カードを使って，記号におきかえて，解答らんに答えを書きましょう。(例：95 だと「■×」)

解答らん

❾	▲▽	❿	◎◇
⓫	×▲	⓬	▲▼
⓭	■◎	⓮	■○

暗号カード

0：○ 1：△ 2：▽
3：□ 4：◇ 5：×
6：◎ 7：▲ 8：▼
9：■

—55—

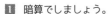

54 かけ算の暗算 ②

【　月　日】

合かく 12こ ／ 計算 正答数 14こ
合かく 5こ ／ コグトレ 正答数 6こ

◆答えは 87 ページ

1 暗算でしましょう。

❶ 130×2 = 260　　❷ 120×4 = 480

❸ 320×3 = 960　　❹ 160×4 = 640

❺ 350×2 = 700　　❻ 170×5 = 850

❼ 120×8 = 960　　❽ 22×30 = 660

❾ 14×20 = 280　　❿ 11×80 = 880

⓫ 27×30 = 810　　⓬ 49×20 = 980

⓭ 15×60 = 900　　⓮ 19×50 = 950

プラス コグトレ

▶ ❾～⓮の答えは，下の暗号カードを使って，記号におきかえて，解答らんに答えを書きましょう。(例：957 だと「■×▲」)

解答らん

❾	▽▼○	❿	▼▼○
⓫	▼△○	⓬	■▼○
⓭	■○○	⓮	■×○

暗号カード

0：○ 1：△ 2：▽
3：□ 4：◇ 5：×
6：◎ 7：▲ 8：▼
9：■

—56—

55 まとめテスト ⑨

【　月　日】

合かく 11こ ／ 計算 正答数 13こ

◆答えは 87 ページ

1 計算をしましょう。

❶ 30×8 = 240　　❷ 70×6 = 420

❸ 800×4 = 3200　　❹ 600×5 = 3000

2 計算をしましょう。

❶ 　34
　×　2
　　68

❷ 　35
　×　2
　　70

❸ 　13
　×　7
　　91

❹ 　51
　×　6
　306

❺ 　64
　×　2
　128

❻ 　91
　×　7
　637

❼ 　34
　×　4
　136

❽ 　62
　×　9
　558

❾ 　83
　×　8
　664

—57—

56 まとめテスト ⑩

【　月　日】

合かく 11こ ／ 計算 正答数 13こ

◆答えは 87 ページ

1 暗算でしましょう。

❶ 23×3 = 69　　❷ 37×2 = 74

❸ 24×4 = 96　　❹ 16×6 = 96

2 計算をしましょう。

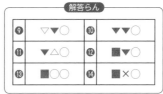

❶ 　102
　×　8
　816

❷ 　217
　×　4
　868

❸ 　163
　×　2
　326

❹ 　182
　×　3
　546

❺ 　264
　×　3
　792

❻ 　158
　×　5
　790

❼ 　139
　×　8
　1112

❽ 　747
　×　7
　5229

❾ 　349
　×　9
　3141

—58—

57 何十をかける計算

1 計算をしましょう。

❶ 13×20 ＝ 260　　❷ 56×10 ＝ 560

❸ 20×30 ＝ 600　　❹ 12×30 ＝ 360

❺ 8×90 ＝ 720　　❻ 17×50 ＝ 850

❼ 60×50 ＝ 3000　　❽ 44×30 ＝ 1320

❾ 34×40 ＝ 1360　　❿ 9×50 ＝ 450

⓫ 25×40 ＝ 1000　　⓬ 30×60 ＝ 1800

⓭ 56×50 ＝ 2800　　⓮ 37×70 ＝ 2590

58 2けた×2けたの筆算 ①

1 計算をしましょう。

❶ 13 ×32 ＝ 416　　❷ 23 ×21 ＝ 483　　❸ 11 ×54 ＝ 594　　❹ 14 ×22 ＝ 308

❺ 33 ×22 ＝ 726　　❻ 42 ×21 ＝ 882　　❼ 11 ×87 ＝ 957　　❽ 31 ×32 ＝ 992

❾ 12 ×43 ＝ 516　　❿ 24 ×12 ＝ 288　　⓫ 13 ×21 ＝ 273　　⓬ 33 ×23 ＝ 759

＋コグトレ

▶ ❼〜⓬の答えは，下の暗号カードを使って，記号におきかえて，解答らんに答えを書きましょう。(例：624 だと「◎▽◇」)

解答らん

❼	■×▲	❽	■■▽
❾	×△◎	❿	▽▼▼
⓫	▽▲□	⓬	▲×■

暗号カード

0：○　1：△　2：▽
3：□　4：◇　5：×
6：◎　7：▲　8：▼
9：■

59 2けた×2けたの筆算 ②

1 計算をしましょう。

❶ 16 ×19 ＝ 304　　❷ 25 ×24 ＝ 600　　❸ 26 ×35 ＝ 910　　❹ 34 ×28 ＝ 952

❺ 17 ×43 ＝ 731　　❻ 32 ×19 ＝ 608　　❼ 20 ×36 ＝ 720　　❽ 24 ×36 ＝ 864

❾ 15 ×63 ＝ 945　　❿ 18 ×52 ＝ 936　　⓫ 27 ×33 ＝ 891　　⓬ 29 ×25 ＝ 725

＋コグトレ

▶ ❼〜⓬の答えは，下の暗号カードを使って，記号におきかえて，解答らんに答えを書きましょう。(例：957 だと「■×▲」)

解答らん

❼	▲▽○	❽	▼◎◇
❾	■◇×	❿	■□○
⓫	▼■△	⓬	▲▽×

暗号カード

0：○　1：△　2：▽
3：□　4：◇　5：×
6：◎　7：▲　8：▼
9：■

60 2けた×2けたの筆算 ③

1 計算をしましょう。

❶ 25 ×64 ＝ 1600　　❷ 54 ×46 ＝ 2484　　❸ 40 ×35 ＝ 1400　　❹ 36 ×47 ＝ 1692

❺ 60 ×49 ＝ 2940　　❻ 57 ×63 ＝ 3591　　❼ 86 ×23 ＝ 1978　　❽ 47 ×34 ＝ 1598

❾ 70 ×56 ＝ 3920　　❿ 73 ×29 ＝ 2117　　⓫ 38 ×53 ＝ 2014　　⓬ 66 ×76 ＝ 5016

＋コグトレ

▶ ❼〜⓬の答えは，下の暗号カードを使って，記号におきかえて，解答らんに答えを書きましょう。(例：9571 だと「■×▲△」)

解答らん

❼	△■▲▼	❽	△×■▼
❾	□■▽○	❿	▽△△▲
⓫	▽○△◇	⓬	×○△◎

暗号カード

0：○　1：△　2：▽
3：□　4：◇　5：×
6：◎　7：▲　8：▼
9：■

61 2けた×2けたの虫食い算

●答えは89ページ

1 □にあてはまる数を書きましょう。

❶
```
      2[ア]5
   ×  [イ]6 3
      [ウ]7 5
  1 5 [エ]0
[オ]1 5 7[カ]5
```

❷
```
      [キ]6 7
   ×  [ク]4 5
      3 3[ケ]5
  [コ]2 6 8
  [サ]3 0 1[シ]5
```

▶答えは，下の暗号カードを使って，記号におきかえて，□に書きましょう。

ウ→イ→アの
じゅんに考えよう。

暗号カード
0:○ 1:△ 2:▽ 3:□ 4:◇ 5:× 6:◎ 7:▲ 8:▼ 9:■

—63—

62 3けた×2けたの筆算

●答えは89ページ

1 計算をしましょう。

❶
```
   1 3 2
 ×   2 3
 3 0 3 6
```

❷
```
   2 4 1
 ×   1 2
 2 8 9 2
```

❸
```
   3 2 1
 ×   2 2
 7 0 6 2
```

❹
```
   1 1 4
 ×   3 5
 3 9 9 0
```

❺
```
   2 6 3
 ×   3 1
 8 1 5 3
```

❻
```
   2 4 8
 ×   4 3
10 6 6 4
```

❼
```
   3 9 7
 ×   6 7
26 5 9 9
```

❽
```
   4 5 8
 ×   5 9
27 0 2 2
```

❾
```
   6 9 7
 ×   2 8
19 5 1 6
```

❿
```
   3 0 8
 ×   4 6
14 1 6 8
```

⓫
```
   7 0 9
 ×   3 3
23 3 9 7
```

⓬
```
   2 0 6
 ×   7 9
16 2 7 4
```

▶❼〜⓬の答えは，下の暗号カードを使って，記号におきかえて，解答らんに答えを書きましょう。(例：95713だと「■×▲△□」)

解答らん

❼	▽◎×■■	❽	▽▲○▽▽
❾	△■×△◎	❿	△◇△◎▼
⓫	▽□□■▲	⓬	△◎▽▲△

暗号カード
0:○ 1:△
2:▽ 3:□
4:◇ 5:×
6:◎ 7:▲
8:▼ 9:■

—64—

63 小数①

合かく 7こ
計算 正答数 ／8こ

●答えは89ページ

1 □にあてはまる数を書きましょう。

❶ 0.1 を 6 こ集めた数は， **0.6**

❷ 0.1 を 15 こ集めた数は， **1.5**

❸ 0.5 は，0.1 を **5** こ集めた数

❹ 0.8 より 0.4 大きい数は， **1.2**

❺ 3.2 より 1 小さい数は， **2.2**

❻ 2.7 は，2 より **0.7** 大きい数

❼ 3.6 は，4 より **0.4** 小さい数

❽ 4.2 は， **5** より 0.8 小さい数

—65—

64 小数②

合かく 5こ
計算 正答数 ／6こ

●答えは89ページ

1 □にあてはまる数を書きましょう。

❶ 2.3 cm は 0.1 cm の **23** こ分

❷ 300 m= **0.3** km

❸ 153 mm= **15.3** cm

❹ 0.1 L の 27 こ分は **2.7** L

❺ 8 dL= **0.8** L

❻ 1200 g= **1.2** kg

—66—

65 小 数 ③

1 計算をしましょう。

❶ 0.2+0.4 ＝ 0.6　　❷ 0.5+0.8 ＝ 1.3

❸ 0.7−0.3 ＝ 0.4　　❹ 1.5−0.7 ＝ 0.8

2 計算をしましょう。

❶ 　1.2
　＋2.4
　　3.6

❷ 　2.6
　＋2.1
　　4.7

❸ 　3.5
　＋1.8
　　5.3

❹ 　4.5
　＋0.5
　　5

❺ 　3.7
　−1.2
　　2.5

❻ 　2.9
　−1.5
　　1.4

❼ 　3.1
　−1.9
　　1.2

❽ 　2.6
　−1.7
　　0.9

❾ 　4
　−2.8
　　1.2

＋コグトレ

▶ **2** ❼〜❾の答えは，下の暗号カードを使って，記号におきかえて，解答らんに，整数と小数点と小数点以下の数字の順で書きましょう。(例：1.5 だと「△.×」)

解答らん		
❼	△.▽	❽	○.■
❾	△.▽		

暗号カード
0：○　1：△　2：▽
3：□　4：◇　5：×
6：◎　7：▲　8：▼
9：■

---

66 分 数 ①

1 ◻ にあてはまる数を書きましょう。

❶ 1 m を 4 等分した 1 こ分の長さは，$\frac{1}{4}$ m です。

❷ 1 L を 5 等分した 3 こ分のかさは，$\frac{3}{5}$ L です。

❸ $\frac{1}{8}$ の 4 こ分は，$\frac{4}{8}$ です。

等しい大きさに分けることを等分するというよ。

❹ $\frac{3}{4}$ は，$\frac{1}{4}$ の 3 こ分です。

❺ $\frac{7}{10}$ は，$\frac{1}{10}$ の 7 こ分です。

❻ $\frac{1}{5}$ の 5 こ分は，1 です。

---

67 分 数 ②

1 ◻ にあてはまる数を書きましょう。

❶ $\frac{4}{6}$ と $\frac{3}{6}$ では，$\frac{4}{6}$ のほうが大きい。

❷ $\frac{2}{5}$ と $\frac{2}{3}$ では，$\frac{2}{3}$ のほうが大きい。

2 ◻ にあてはまる等号や不等号を書きましょう。

❶ $\frac{7}{10}$ < $\frac{8}{10}$

❷ $\frac{13}{10}$ > 1

❸ $\frac{4}{10}$ ＝ 0.4

❹ $\frac{5}{10}$ < 1.5

❺ $\frac{9}{7}$ > $\frac{6}{7}$

❻ $\frac{1}{3}$ < $\frac{1}{2}$

---

68 分 数 ③

1 計算をしましょう。

❶ $\frac{1}{5}+\frac{3}{5}=\frac{4}{5}$　　❷ $\frac{2}{4}+\frac{1}{4}=\frac{3}{4}$　　❸ $\frac{3}{6}+\frac{2}{6}=\frac{5}{6}$

❹ $\frac{4}{7}+\frac{2}{7}=\frac{6}{7}$　　❺ $\frac{3}{10}+\frac{7}{10}=1$　　❻ $\frac{3}{8}+\frac{5}{8}=1$

❼ $\frac{3}{4}-\frac{1}{4}=\frac{2}{4}$　　❽ $\frac{6}{7}-\frac{2}{7}=\frac{4}{7}$　　❾ $\frac{9}{10}-\frac{7}{10}=\frac{2}{10}$

❿ $\frac{4}{5}-\frac{3}{5}=\frac{1}{5}$　　⓫ $1-\frac{6}{7}=\frac{1}{7}$　　⓬ $1-\frac{2}{9}=\frac{7}{9}$

＋コグトレ

▶ ❼〜⓬の答えは，下の暗号カードを使って，分子と分母の数字を記号におきかえて，解答らんに書きましょう。(例：$\frac{1}{3}$ だと $\frac{△}{□}$)

解答らん					
❼	$\frac{▽}{◇}$	❽	$\frac{◇}{▲}$		
❾	$\frac{▽}{△○}$	❿	$\frac{△}{×}$		
⓫	$\frac{△}{▲}$	⓬	$\frac{▲}{■}$		

暗号カード
0：○　1：△　2：▽
3：□　4：◇　5：×
6：◎　7：▲　8：▼
9：■

1 計算をしましょう。

❶ 12×70 = 840

❷ 53×80 = 4240

2 計算をしましょう。

❶
$$\begin{array}{r} 40 \\ \times 22 \\ \hline 880 \end{array}$$

❷
$$\begin{array}{r} 23 \\ \times 18 \\ \hline 414 \end{array}$$

❸
$$\begin{array}{r} 34 \\ \times 25 \\ \hline 850 \end{array}$$

❹
$$\begin{array}{r} 29 \\ \times 82 \\ \hline 2378 \end{array}$$

❺
$$\begin{array}{r} 44 \\ \times 55 \\ \hline 2420 \end{array}$$

❻
$$\begin{array}{r} 58 \\ \times 62 \\ \hline 3596 \end{array}$$

❼
$$\begin{array}{r} 536 \\ \times 38 \\ \hline 20368 \end{array}$$

❽
$$\begin{array}{r} 459 \\ \times 24 \\ \hline 11016 \end{array}$$

❾
$$\begin{array}{r} 807 \\ \times 56 \\ \hline 45192 \end{array}$$

1 計算をしましょう。

❶
$$\begin{array}{r} 3.6 \\ +1.2 \\ \hline 4.8 \end{array}$$

❷
$$\begin{array}{r} 4.1 \\ +2.9 \\ \hline 7 \end{array}$$

❸
$$\begin{array}{r} 2.4 \\ +3 \\ \hline 5.4 \end{array}$$

❹
$$\begin{array}{r} 3.1 \\ -1.4 \\ \hline 1.7 \end{array}$$

❺
$$\begin{array}{r} 7.5 \\ -3.5 \\ \hline 4 \end{array}$$

❻
$$\begin{array}{r} 6 \\ -1.5 \\ \hline 4.5 \end{array}$$

2 計算をしましょう。

❶ $\frac{2}{7}+\frac{2}{7}=\frac{4}{7}$

❷ $\frac{1}{9}+\frac{7}{9}=\frac{8}{9}$

❸ $\frac{4}{10}+\frac{6}{10}=1$

❹ $\frac{4}{5}-\frac{2}{5}=\frac{2}{5}$

❺ $\frac{7}{8}-\frac{3}{8}=\frac{4}{8}$

❻ $1-\frac{2}{6}=\frac{4}{6}$

学習の記ろく

たん元番号	勉強した日	計算正答数	コグトレ正答数
1	月／日	合かく13こ	合かく6こ
2	月／日	合かく12こ	
3	月／日	合かく5こ	合かく4こ
4	月／日	合かく10こ	
5	月／日	合かく12こ	合かく12こ
6	月／日	合かく12こ	合かく12こ
7	月／日	合かく12こ	
8	月／日	合かく12こ	合かく5こ
9	月／日	合かく12こ	
10	月／日	合かく12こ	
11	月／日	合かく10こ	
12	月／日	合かく10こ	合かく5こ
13	月／日	合かく10こ	合かく5こ
14	月／日	合かく3こ	合かく1こ
15	月／日	合かく10こ	
16	月／日	合かく10こ	合かく5こ
17	月／日	合かく10こ	合かく5こ
18	月／日	合かく3こ	合かく1こ
19	月／日	合かく10こ	
20	月／日	合かく10こ	
21	月／日	合かく12こ	
22	月／日	合かく10こ	合かく5こ
23	月／日	合かく5こ	
24	月／日	合かく5こ	合かく5こ

たん元番号	勉強した日	計算正答数	コグトレ正答数
25	月／日	合かく12こ	合かく12こ
26	月／日	合かく12こ	
27	月／日	合かく12こ	合かく5こ
28	月／日	合かく12こ	合かく5こ
29	月／日	合かく12こ	合かく5こ
30	月／日	合かく12こ	合かく5こ
31	月／日	合かく8こ	
32	月／日	合かく12こ	
33	月／日	合かく5こ	
34	月／日	合かく5こ	合かく4こ
35	月／日	合かく5こ	合かく4こ
36	月／日	合かく5こ	
37	月／日	合かく5こ	合かく4こ
38	月／日	合かく5こ	
39	月／日	合かく5こ	合かく4こ
40	月／日	合かく5こ	合かく4こ
41	月／日	合かく6こ	
42	月／日	合かく5こ	
43	月／日	合かく12こ	
44	月／日	合かく12こ	合かく5こ
45	月／日	合かく10こ	
46	月／日	合かく10こ	合かく5こ
47	月／日	合かく10こ	合かく5こ
48	月／日	合かく3こ	合かく1こ

たん元番号	勉強した日	計算正答数	コグトレ正答数
49	月／日	合かく10こ	合かく5こ
50	月／日	合かく10こ	合かく5こ
51	月／日	合かく10こ	合かく5こ
52	月／日	合かく3こ	合かく1こ
53	月／日	合かく12こ	合かく5こ
54	月／日	合かく12こ	合かく5こ
55	月／日	合かく11こ	
56	月／日	合かく11こ	
57	月／日	合かく12こ	
58	月／日	合かく10こ	合かく5こ
59	月／日	合かく10こ	合かく5こ
60	月／日	合かく10こ	合かく5こ
61	月／日	合かく1こ	合かく1こ
62	月／日	合かく10こ	合かく5こ
63	月／日	合かく7こ	合かく8こ
64	月／日	合かく5こ	
65	月／日	合かく11こ	合かく2こ
66	月／日	合かく5こ	
67	月／日	合かく7こ	
68	月／日	合かく10こ	合かく5こ
69	月／日	合かく9こ	
70	月／日	合かく10こ	

ISBN978-4-424-27703-3

C6341 ¥900E

本体 900円+税10%
（定価 990円）

受験研究社

小3／コグトレ 計算ドリル

ココからはがして下さい

71
ISBN : 9784424277033
受注No : 125547
受注日付 : 241203
1/1

コメント : 6341
番号CD : 187280　05

受注

小3／コグトレ 計算ドリル

編著者	小学教育研究会
発行者	岡本 泰治
発行所	受験研究社

©株式
会社 増進堂・受験研究社
〒550-0013　大阪市西区新町2丁目19-15
注文・不良品などについて (06) 6532-1581(代表)
本の内容について (06) 6532-1586(編集)

Printed in Japan　印刷・製本／岩岡印刷・髙廣製本